总主编　林家阳

全国高等院校艺术设计专业
"十二五"规划教材

产品设计

桂元龙　杨淳　编著

U0301119

中国轻工业出版社　全国百佳图书出版单位

图书在版编目（CIP）数据

产品设计 / 桂元龙，杨淳编著. — 北京：中国轻工业出版社，2014.1
ISBN 978-7-5019-9238-6

Ⅰ.①产… Ⅱ.①桂…②杨… Ⅲ.①产品设计－教材 Ⅳ.①TB472

中国版本图书馆CIP数据核字（2013）第263047号

责任编辑：毛旭林

策划编辑：李　颖　毛旭林　　　　　责任终审：孟寿萱　　　　版式设计：上海市原创设计大师工作室

封面设计：刘　斌　　　　　　　　　责任校对：晋　洁　　　　责任监印：胡　兵　张　可

出版发行：中国轻工业出版社（北京东长安街6号，邮编：100740）

印　　　刷：北京顺诚彩色印刷有限公司

经　　　销：各地新华书店

版　　　次：2014年1月第1版第1次印刷

开　　　本：870×1140　1/16　印张：9.5

字　　　数：260千字

书　　　号：ISBN 978-7-5019-9238-6　　定价：48.00 元

邮购电话：010-65241695　　　　传真：65128352

发行电话：010-85119835　85119793　传真：85113293

网　　　址：http://www.chlip.com.cn

Email：club@chlip.com.cn

如发现图书残缺请直接与我社邮购联系调换

130431J2X101ZBW

序一
PROLOG 1

中国的艺术设计教育起步于 20 世纪 50 年代，改革开放以后，特别是 90 年代进入一个高速发展的阶段。由于学科历史短，基础弱，艺术设计的教学方法与课程体系受苏联美术教育模式与欧美国家 20 世纪初形成的课程模式影响，导致了专业划分过细，过于偏重技术性训练，在培养学生的综合能力、创新能力等方面表现出突出的问题。

随着经济和文化的大发展，社会对于艺术设计专业人才的需求量越来越大，市场对艺术设计人才教育质量的要求也越来越高。为了应对这种变化，教育部将"艺术设计"由原来的二级学科调整为"设计学"一级学科，既体现了对设计教育的重视，也体现了把设计教育和国家经济的发展密切联系在一起。因此教育部高等学校设计学类专业教学指导委员会也在这方面做了很多工作，其中重要的一项就是支持教材建设工作。此次由设计学类专业教指委副主任林家阳教授担纲的这套教材，在整合教学资源、结合人才培养方案，强调应用型教育教学模式、开展实践和创新教学，结合市场需求、创新人才培养模式等方面做了大量的研究和探索；从专业方向的全面性和重点性、课程对应的精准度和宽泛性、作者选择的代表性和引领性、体例构建的合理性和创新性、图文比例的统一性和多样性等各个层面都做了科学适度、详细周全的布置，可以说是近年来高等院校艺术设计专业教材建设的力作。

设计是一门实用艺术，检验设计教育的标准是培养出来的艺术设计专业人才是否既具备深厚的艺术造诣，实践能力，同时又有优秀的艺术创造力和想象力，这也正是本套教材出版的目的。我相信本套教材能对学生们奠定学科基础知识、确立专业发展方向、树立专业价值观念产生最深远的影响，帮助他们在以后的专业道路上走得更长远，为中国未来的设计教育和设计专业的发展注入正能量。

教育部高等学校设计学类专业教学指导委员会主任
中央美术学院　教授 / 博导　谭平
2013 年 8 月

序二
PROLOG 2

建设"美丽中国"、"美丽乡村"的内涵不仅仅是美丽的房子、美丽的道路、美丽的桥梁、美丽的花园，更为重要的内涵应该是贴近我们衣食住行的方方面面。好比看博物馆绝不只是看博物馆的房子和景观，而最为重要的应该是其展示的内容让人受益，因此"美丽中国"的重要内涵正是我们设计学领域所涉及的重要内容。

办好一所学校，培养有用的设计人才，造就出政府和人民满意的设计师取决于三方面的因素，其一是我们要有好的老师，有丰富经历的、有阅历的、理论和实践并举的、有责任心的老师。只有老师有用，才能培养有用的学生；其二是有一批好的学生，有崇高志向和远大理想，具有知识基础，更需要毅力和决心的学子；其三是连接两者纽带的，具有知识性和实践性的课程和教材。课程是学生获取知识能力的宝库，而教材既是课程教学的"魔杖"，也是理论和实践教学的"词典"。"魔杖"即通过得当的方法传授知识，让获得知识的学生产生无穷的智慧，使学生成为文化创意产业的使者。这就要求教材本身具有创新意识。本套教材包括设计理论、设计基础、视觉设计、产品设计、环境艺术、工艺美术、数字媒体和动画设计八个方面的 50 本系列教材，在坚持各自专业的基础上做了不同程度的探索和创新。我们也希望在有限的纸质媒体基础上做好知识的扩充和延伸，通过教材案例、欣赏、参考书目和网站资料等起到一部专业设计"词典"的作用。

为了打造本套教材一流的品质，我们还约请了国内外大师级的学者顾问团队、国内具有影响力的学术专家团队和国内具有代表性的各类院校领导和骨干教师组成的编委团队。他们中有很多人已经为本系列教材的诞生提出了很多具有建设性的意见，并给予了很多方面的指导。我相信以他们所具有的国际化教育视野以及他们对中国设计教育的责任感，这套教材将为培养中国未来的设计师，并为打造"美丽中国"奠定一个良好的基础。

教育部职业院校艺术设计类专业教学指导委员会主任

同济大学　教授／博导　林家阳

2013 年 6 月

前言
FOREWORD

产品设计作为科技与人文的结合体，肩负着以优良产品来提升人类生活品质的重任，其价值直指健康生活与可持续发展的宏大体系。中国制造业经历30年突飞猛进的发展，正面临着如何完成从"中国制造"向"中国创造"的转变。产品创新不仅仅是一种官方的提倡，更是一种来自市场的深切期待。我国工业设计教育作为应用创新型人才培养的摇篮，所面临的核心问题就是创新能力的培养。产品设计作为工业设计专业的核心主干课程，肩负着培养学生专业设计能力的重任，而《产品设计》教材到底该如何选取相关的知识点，才最有利于学生职业技能和创新能力的培养；选定的内容又要如何组织安排，才能将教、学、做融为一个有机的整体，有利于学生的顺利成长，成了我们劳神费力之所在。

作为同名国家级精品课程的配套教材，《产品设计》在内部建设的过程中就遵循项目引导，任务驱动的思路，有了一个不错的基础。这次入选"十二五"国家精品规划教材的编写，重点在将精品课程的设计思路，项目选择，任务设计以及相关知识点，结合当下工业设计的最新成果和运行现状进行再梳理，将一些在设计实践中被证明为行之有效的做法引进到书中来，以求增强知识的针对性和应用性。在设计程序的介绍中提出"概念设计、造型设计、工程设计"三分发，旨在强化产品设计中概念设计在创新中的作用，以及提升产品总体价值的关键意义，引导学生跳出纯形态设计的框框，全面掌握产品设计的专业知识，真正具备产品设计的独立工作能力。

本书由国家级精品课程《产品设计》主讲教师桂元龙教授和杨淳副教授共同编著。双师型教师桂元龙教授，有着20多年的产品设计实践和18年的工业设计教学经验，获得"中国工业设计十佳教育工作者"、"广东十大工业设计师"和"广东省十大青年设计师"称号，曾出版教材4本，编写了第一、第三章的内容。杨淳副教授同时具备高级工业设计师资格，有着15年的工业设计教学工作，实践与教学经验丰富，曾出版教材3本，编写了第二章的内容。

本书同市场上绝大部分同类教材相比较，在结构上特色鲜明，贯彻项目引导下的任务驱动设计思路，任务与知识紧密对应；内容上精练适度，避免在概念上的无谓纠结，知识点精简实用；全书收录了近500幅真彩作品图片，参照实例精彩生动，实用性强。

编者

2013年6月于广州

课时
安排

建议课时112

章　节	课 程 内 容	课　时	
第一章 概念与原则 （8课时）	一、产品设计的基本概念	1	8
	二、产品设计的程序、方法与原则	6	
	三、产品设计的沿革与发展	1	
第二章 设计与实训 （96课时）	一、项目范例一　生活用品设计（选一）		32
	1. 项目要求	2	
	2. 设计案例		
	3. 知识点	4	
	4. 实战程序	26	
	二、项目范例二　儿童用品设计（选一）		32
	1. 项目要求	2	
	2. 设计案例		
	3. 知识点	4	
	4. 实战程序	26	
	三、项目范例三　IT产品设计（选一）		32
	1. 项目要求	2	
	2. 设计案例		
	3. 知识点	4	
	4. 实战程序	26	
第三章 欣赏与分析 （8课时）	一、国内外经典作品	4	8
	二、国内外学生优秀作品	4	

目录
contents

第一章　概念与原则 **010**

第一节　产品设计的基本概念 011
　　1. 设计及其基本分类 012
　　2. 产品设计及其构成要素 012
　　3. 产品的分类及其特征 013
第二节　产品设计的程序、方法与原则 014
　　1. 产品开发设计的基本类型及其特征 014
　　2. 产品设计的程序与方法 016
　　3. 产品设计的原则 021
第三节　产品设计的沿革与发展 024
　　1. 20 世纪有影响的产品设计思潮 025
　　2. 产品形态观的衍变 031
　　3. 当代产品的形态特征 035

第二章　设计与实训 **038**

第一节　项目范例一——生活用品设计（选一） 039
　　1. 项目要求 039
　　2. 设计案例 040
　　3. 知识点 048
　　4. 实战程序 082
第二节　项目范例二——儿童用品设计（选一） 091
　　1. 项目要求 091
　　2. 设计案例 092
　　3. 知识点 096
　　4. 实战程序 103
第三节　项目范例三——IT 产品设计（选一） 104
　　1. 项目要求 104
　　2. 设计案例 105
　　3. 知识点 109
　　4. 实战程序 111

第三章　欣赏与分析 **112**

第一节　国内外经典作品 113
　　　　1. 国外有影响力的产品设计大师及其作品 113
　　　　2. 国外优秀产品设计 118
　　　　3. 大陆、港台优秀产品设计 123
第二节　国内外学生优秀作品 138
　　　　1. 国外学生优秀作品 138
　　　　2. 大陆、港台学生优秀作品 143

参考文献 **150**
学习网站 **151**
后记 **152**

第一章
概念与原则

第一节　产品设计的基本概念

第二节　产品设计的程序、方法与
　　　　原则

第三节　产品设计的沿革与发展

改革开放30年后，在中国制造业面临从"制造"走向"创造"的大背景下，中国的工业设计（产品设计）迫切需要将自身的发展规律与中国制造业的运行实际相结合，探寻有自身特色的发展道路，来促进创新成果的产生。本章结合目前企业和高校的运行实况，内容包括：产品设计的基本概念、程序方法与原则、以及沿革背景。重点介绍了产品的类型划分和产品开发设计类型及其特征。难点是设计程序按"概念设计——造型设计——工程设计"三大步骤展开的三段式划分。

第一节　产品设计的基本概念

在进入产品设计实战之前，了解产品设计的基本概念，理清其在设计门类中的定位以及相关构成要素，旨在统一基本认识，便于后续课程的展开。本章对相关概念只做简要的陈述，尽量避免无谓的纠结。基于设计工作服务于目的和定位的实践需要，特别介绍了"功能型产品、风格型产品、身份型产品"的分类方法。

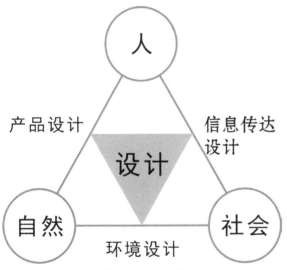

图1-1　设计与人、自然、社会的关系示意图

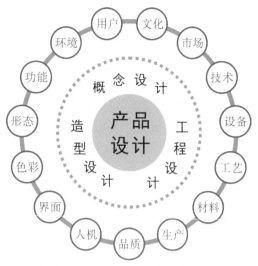

图1-2 产品设计及其构成要素示意图

1. 设计及其基本分类

设计是人们在正式做某项工作之前，根据一定的目的要求，预先制定出来的方案或图样。设计是一种创造性的活动，是人类在与大自然长期相处的过程中，探索形成人与自然和社会之间和谐关系的智慧结晶。

在艺术设计的门类中，依据设计工作在处理人与自然以及社会三者关系中的不同作用，通常将处理人与自然之间关系的设计工作归于产品设计的范畴；将处理人与社会之间关系的设计工作归于视觉传达设计的范畴；而将处理社会与自然之间关系的设计工作归于环境设计的范畴（如图1-1）。

随着科学技术的飞速发展，多媒体手段的广泛应用，资讯不断丰富，其获取手段日益简便，设计工作的侧重点与作业方式都产生了新的变化，不同设计专业之间的关系面临着重新整合，部分跨学科的协作关系也正在逐步走向融合。

2. 产品设计及其构成要素

就传统意义上的物质性产品而言，产品设计是一种依据产业状况，赋予制造物品适切特征的创造性活动。指设计师结合所处时代的产业背景，把一种计划、设想、问题的解决方案，通过物质的载体，以恰当的形式呈现出来。产品设计的范围非常宽广，大到飞机、汽车、轮船等交通工具以及工程器械如挖掘机、推土机等，中到家居生活用品中的桌椅、家电，小到个人用品中的首饰、手机、眼镜等内容，几乎涵盖所有物质性人造物品。产品设计包含概念设计、造型设计到工程设计三个组成部分（如图1-2）。

概念是对一个产品的设计目标、功能以及特征的描述。概念设计是产品设计的初始，概念设计的质量直接决定着产品的成败。一个好概念或许被执行成一个差产品，但是，一个差概念不可能设计成一个好产品。支撑概念设计的主要构成要素是：市场研究、生活文化研究、用户体验研究、使用环境研究和产品的功能规划等内容。造型设计就是对产品的形态、材料、结构、色彩、肌理等进行美的加工，利用科学性和艺术性来处理这些造型要素，让其得到完美的产品造型。支撑造型设计的主要构成要素是：功能设计、形态设计、色彩规划、界面设计和人机关系考量等内容。工程设计是为产品生产加工而进行的工程技术方面的设计工作。支撑工程设计的主要构成要素是：技术实力、设备与工装、加工工艺、材料应用、生产制造以及品质控制等内容。

3. 产品的分类及其特征

基于不同的需要，对于产品的类型有多种划分方法。在这里，我们打破惯常按行业分类的做法，依据产品设计的主要作业要点，结合产品的内在功能属性与产品的外在形式特征来进行分类。依据产品在使用功能和审美功能这两者之间侧重点的不同，可以将产品概括为如下三种类型，即功能型产品、风格型产品和身份型产品。

1）功能型产品

功能型产品也称实用型产品，顾名思义这类型产品以强调使用功能为主，设计的着眼点是结构的合理性，重在功能的完善和优化，外观造型依附于功能特征实现的基础之上，不过分追求形式感，表现出更多偏向于理性和结构外露的特点。各种工具、功能简易的产品、机器设备和零部件等基本上都属于这一类型。例如：FISKARS园艺剪刀（如图1-3）。

2）风格型产品

风格型产品又称情感型产品，这类型产品除了具备一定的功能外更追求造型和外观的个性化，强调与众不同的造型款式和张扬独特的使用方式。在个人消费品、娱乐和时尚类产品中表现得尤其突出。例如：RSW潜水表（如图1-4）。

3）身份型产品

身份型产品又称象征型产品，这类型产品与前两者不同的地方是更突显精神的象征性，消费者以拥有它而感到自豪和满足，别人亦因产品而对主人的身份和地位产生某种认同和肯定。帝王的专用物品、超豪华的生活用品、奢侈品和高端品牌定位下的各种产品都具有身份象征的作用。例如：兰博基尼轿车（如图1-5）。

当然，这种分类并不是绝对的，要特别强调的是并不是功能性产品就不讲究造型，而风格型产品和身份型产品就无视功能的需要。功能型产品随着设计师对材料工艺的恰当处理、造型款式和精神象征意义方面的精彩表现，也可以转变为风格型产品或身份型产品，例如：章鱼榨汁机（如图1-6）。

图1-3　园艺剪 / FISKARS / 芬兰

图1-4　潜水表 / RSW / 瑞士 / 2009

图1-5　Aventador LIMO / 兰博基尼 / 意大利

图1-6　章鱼榨汁机 / Alessi / 米兰

第二节 产品设计的程序、方法与原则

产品开发设计工作基于不同的目的，在不同的主导因素作用下，会呈现出不同的特征。虽然开展的程序与方法会相似，但工作的侧重点与所遵循的原则却并不一样。本章在进行系统性知识介绍的同时，注重结合当下我国工业设计的运行实践，进行有针对性的关联处理。

1. 产品开发设计的基本类型及其特征

虽然企业产品开发设计的方式有很多，不同的企业存在做法上的区别，但按照产品开发过程的主导因素来分，产品开发设计可分为：需求驱动型、技术驱动型和竞争驱动型三种类型。

1）需求驱动型

需求驱动型产品开发设计是基于特定消费群体的精神及物质需求的满足而展开的创新性设计活动。其核心是消费者需求的研究及创新解决方案的形成与确定。由于是开创性的工作，企业在商业分析、消费者测试以及市场测试等环节都要投入比较大的人力物力，开发周期也可能比较长。成功案例有1978年日本索尼公司出品的walkman卡式便携录音机（如图1－7），是一个全新的小型电子产品，既可收音又可播放磁带，出发点是便于放在口袋里或别在皮带上使用，通过内部符合微型录音机的电声技术和能满足便携的结构实现了音乐随身听。

图1–7　walkman / SONY 日本 / 1978

2）技术驱动型

技术驱动型产品开发设计是基于技术的更新与进步而进行的产品创新设计活动。其核心是技术的商品化应用设计。从新技术的诞生到批量生产应用有一个过程，在产品可行性分析、商业分析、原理设计以及生产测试环节会消耗大量人力物力，故产品开发周期会随技术的成熟度而长短不一。产品一旦稳定成型，一般都会有很好的市场预期。成功案例如光盘、U盘的出现使磁盘成为过去；MP3、MP4等个人随身听产品的出现，以体量小、可更新、储存空间大等优势迅速占领时尚阵地，将曾经风靡全球的walkman和disman产品扫进了历史的垃圾堆（如图1-8、图1-9、图1-10）。

3）竞争驱动型

竞争驱动型产品开发设计是基于市场竞争的需要在现有商品的基础上展开的针对性设计活动。一般体现在产品功能的优化与增加、材料的改变与性能提升、形态与款式的美化以及面向消费群体的产品细分以及差异化设计等方面。其核心是市场的区隔、定位与产品的对应设计。因为是在现有商品的基础上展开的针对性设计，一般开发周期相对较短。成功案例是市面上大量出现的跟进型产品。

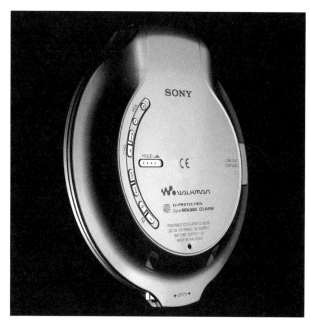

图1-8　CD walkman / SONY / 日本

图1-9　MP3 / SONY / 日本

图1-10　iPod Nano 7 / APPLE

2．产品设计的程序与方法

就一般情况而言，无论是哪种类型的产品，也不管它被何种主导因素所驱动，一件产品被创造出来都会遵循一个基本相似的工作路径和大致相同的步骤，这就是产品设计的程序。而在这个过程中被大多数设计师所普遍采用，相对行之有效的一些工作方法就被称之为产品设计的方法。

1）产品设计的程序

产品设计的程序分为三大步：概念设计——造型设计——工程设计。

图1-11 "一般企业的新产品开发设计流程"和"教学中运行的产品设计程序"对照图

"概念设计"是开展产品设计工作的第一步，是整个产品设计工作的出发点与目的地。产品概念是对产品设计目标的界定，它是一项比较复杂而又十分重要的工作，它建立在对消费者研究、市场调研分析、使用环境和使用状态研究以及技术条件分析的基础上，提出的针对主要问题解决方案的概要性描述。

"造型设计"是在"概念设计"的指导下，设计师依据自身的理解，将脑海里的奇思妙想进行具体化的过程。一般通过草图、效果图或者模型等设计语言，将预想产品的相关功能、结构、尺度、形态、材质、表面处理以及色彩效果等内容形象、直观地表达出来；

"工程设计"是在"造型设计"之后，围绕着产品能够被实现和优化而展开的一系列深入细致的工程技术方面的设计工作。工程设计工作的完成意味着一件产品的设计工作基本结束。它是产品设计工作中必不可少的一环，可能会牵涉到机械结构、材料技术、加工工艺、电子控制……多方面的内容，要求设计师与工程师协同作战。

关于设计程序的介绍，因为站在不同的角度存在着多个不同的版本，这里分别对照"一般企业的新产品开发设计流程"和"教学中运行的产品设计程序"两个比较有代表性的程序进行一些说明。

从图1-11可见，在"一般企业的新产品开发设计流程"中，包括"产品规划——产品设计——工程设计——制造与销售"四个大的环节。众所周知企业经营以赢利为目的，不同的企业有着不同的经营理念和经营策略，也就会有不同的"产品规划"策略和思路。产品规划在一定程度上左右着概念设计的方向，并制约着概念设计工作的质量；核心部分"产品设计"和"工程设计"的作用不言自明；企业运行过程中的产品规划、产品设计和工程设计的内容基本上与"概念设计、造型设计和工程设计"的内容相对应，而"制造与销售"是企业完整功能的自然延伸。

而在"教学中运行的产品设计程序"中，由"概念提炼——创意展开——产品形成——成果发布"四部分构成。是从设计项目任务的明确开始的，主要对应的步骤为前三部分，重点在产品的概念设计和造型设计能力的培养。因为在设计实践中工程设计部分的工作绝大部分由工程师来完成，课程中出于教学条件的限制与强化专业的需要，将这部分内容做应知性处理。相反，对于主体设计方案完成后，有关设计成果展示与推广的相关内容进行了强调，故最终落在了"成果发布"这一环节。

"概念提炼"是一个发现问题、分析问题、并界定问题，从而明确设计目标的过程。它从需求、用户与环境调研的面上展开，最后集中到对少数个别或几个主要问题解决的点上结束。其内容与"概念设计"相对应。

"创意展开"是产品雏形的孵化，是一个思维发散、创意发想天马行空，在各种解决方案中不断择优的过程。对应前述"造型设计"中的大部分内容。

"产品形成"是对创意成果的深化，是一个思维聚敛，细节推敲，验证、优化与完善方案的过程。对应前述"造型设计"和"工程设计"中的大部分内容。

"成果发布"是对设计成果的总结、梳理与提炼，目的是训练学生多层次表达、推广设计成果的能力。

2）产品设计的方法

产品设计作为一种创造性活动，设计师的创新思维能力和创新工作状态是决定作品质量的关键。就一般意义而言，创新思维的形成有着其自身的规律和特征，恰当运用一些有效的工作方法，有利于激发创新思维的产生和集聚众人的智慧，高效率形成解决问题的方案。

① 头脑风暴法（BS法）Brain Storming

头脑风暴法是一种以小组形式展开，通过脑力激荡、交叉影响、集思广益从而激发创意思维的工作方法。

特点：A. 采取会议形式，发挥集体智慧，有集思广益之长；

      B. 邀请专家参与，发挥专业见解；

      C. 会议有准备，会前通报议题，讨论问题集中；

      D. 讨论自由、平等，畅所欲言，充分发挥各人的创思；

      E. 共同交流、互相启发，增加联想，引起思维共振；

      F. 时间短，效率高。

规则：A. 过程中对不同意见不作结论，不进行批驳；

      B. 自由思考，不怕标新立异；

      C. 设想的方案越多越好。

注意事项：人数 < 10；时间一般在20~60分钟之间，过长易疲劳。

② 卡片默写法

卡片默写法又叫635法，是一种由会议参加者将即兴设想快速记录在卡片上，形成创意思维的工作方法。

卡片默写法的要点如下：

      A. 会议由6人参加；

      B. 每人发3张卡片；

      C. 每5分钟在每张卡片上写一个设想；

      D. 循环进行30分钟，可得108个设想。

③ 列举法

列举法的特点是通过罗列和扩大尽可能多的信息，触发思考；在列举时结合一些逻辑方法，可以更全面的考虑问题，防止遗漏；便于从列举的信息中构思，形成多种方案。

      A. 特征列举法

列举法重要的是确定系列特征，要利于信息的罗列、扩展和分类。
如：
      a. 名词特性：从事物的组成、材料、要素、制造方法等列举；

图1-12 骨头扶手椅及骨头椅 /
Joris Laarman / 荷兰

b. 形容词特性：从表征事物特色方面列举。如性质、形状、颜色、物理机械性能等，荷兰设计师Joris Laarman2008年设计的骨头扶手椅和2006年设计的骨头椅就是特征列举法的例子，是对骨骼结构及形态的模仿(如图1-12)。

B. 缺点列举法

缺点列举法围绕原事物加以改进，通常不触动原事物的本质与总体特征，属被动型方法。一般用于老产品的改进。范围小、针对性强，易于明确改造的重点，能较快地提出改进方案。

C. 希望列举法

希望列举法强调整体上、本质上对旧事物的不满，而不像缺点列举法局限于原有事物的框框。希望列举法的改革往往是重大的，大胆的。

D. 成对列举法

将两种方案的特征进行对比、联系、结合，形成新的方案、构思。不仅可以取长补短，还可互相促进形成新的结合。

④ 5W2H法
5W2H法是一种围绕着问题或对象，从what、who、where、when、why、how much与how to等7个方面进行梳理，从而理清事务发现问题的方法。广泛用于改进工作、改善管理、技术开发、价值分析等方面。通过对事物提出问题，实际上形成对方案的约束条件，据此形成新的创思，应用如图1-13所示。

问题 对象	What	Who	Where	When	Why	How much	How to
发光问题	什么光 类太阳光 荧光	谁发光 自身发光 反射光	何地发光 广场 办公室	何时发光 夜里 白天	为什么发光 照明 识别	发多少光 流明量 时间量	如何实现 采购 设计
窗帘布	质地 色彩 厚薄	织物 谁用	家庭 旅馆	冬夏	保暖 遮光 装饰	规格 性能 价格	设计 仿制

图1-13 5W2H法应用图

⑤ 心智图（mind mapping）

心智图是一种图示，用来表现与核心关键字或想法连结，并呈放射状排列的种种创意。设计师使用心智图，有时是当作概念图来产生创意，帮助自己解决问题和做出决策。心智图就是写下一个中心创意，然后想出新的相关创意，从中间向外辐射出去。焦点集中在主要创意上，然后寻找分支，以及各种创意之间的关联，你就可以把自己的知识用绘制地图的方式整理出来，将有助于重新架构你的知识。成功的心智图通常包括以下规则：

    A. 位于中央、以多重色彩表现的图像，象征这份心智图的主题。

    B. 提供主要区块的主题。

    C. 支撑每个关键字的线要跟那个字等长，并"有机地"连到中央图像。

    D. 用印刷字体写，让每个字都很清楚。

    E. 单一关键字加上简洁的形容词或定义。

    F. 加上生动活泼又好记的颜色。

    G. 一张图胜过千言万语。

    H. 每个主题都用框框包起来，围成分支创造出来的形状。

⑥ 主题创意（延伸）法

在设定特定主题的前提下，将主题寓意作为主要的造型依据，有机地将其融入到产品的形态语意之中的一种设计方法，被称之为主题创意法；在既有主题的基础上，将某种设计主题要素（或符号）进行系列性处理，使新的设计作品体现出特定的风格和形象特征的设计方法，称之为主题延伸方法。

如图1-14、图1-15：就是以美国电影明星玛丽莲·梦露为主题创作的两张椅子，因为主题的关系产品被赋予了特定的内涵，体现出独特的个性。

图1-14 玛丽莲椅子／矶崎新／日本　图1-15 玛丽莲沙发／65工作室／1972

3. 产品设计的原则

原则服务于目的，不同类型的产品有着不同的设计原则。在设计实践中由于受设计委托关系的影响，设计服务的目的变得相对复杂，故难以归纳出一个放之四海而皆准的通用原则，即使相同类型的产品因为委托方开发设计的动机和目的不同，设计的原则也会有差异。在一般情况下，就物质的产品而言，产品设计通常需要遵循下列原则中的部分或者全部。

1）概念创新

概念创新是指产品的概念设计上要找到具有与众不同的价值所在。对于产品设计特别是开发性设计来说，要充分发挥设计师的创造力，利用人类已有的相关科技成果进行创新构思，设计出具有科学性、创造性、新颖性及实用性的产品。

例如ener-g-force（如图1-16）是梅赛德斯奔驰面向未来提出的警用概念车。具备电子监控和引导交通的功能，增强型绿色能源驱动，越野能力强，能够快速、可靠地远离任何路面，到达任何地方。

图1-16 ener-g-force概念车 / 奔驰 / 德国

2）功能适度

适度是指事物保持其质和量的限度，是质和量的统一，任何事物都是质和量的统一体，认识事物的度才能准确认识事物的质，才能在实践中掌握适度的原则，使事物的变化保持在适当的量的范围内，既要防止"过"，又要防止"不及"。对于产品设计来说，功能既是产品存在的基本前提，又是产品价值的主要体现，功能必须有效。但，功能也并非越多越好，要从用户的需求出发，遵守适度原则。例如图1-17，该水果削皮器中间的突起部分为一把水果刀，将削果皮与盛果皮的功能相结合，不失为一个巧妙的多功能产品。

3）结构合理

往往支持实现某一产品功能的结构方式有很多种，无论结构简单与复杂都要遵循一个合理原则。这种合理要结合产品在生产制造、操作使用和保养维修各环节的全过程进行人性化的考量，也要结合经济成本因素从绿色设计、可持续发展的角度进行衡量。balansvariable摇椅的设计是在充分分析人体各种不同坐姿和动态平衡行为特征的基础上，依据合理的结构关系实现的设计创新（如图1-18、图1-19）。

4）工艺可行

产品是要被生产制造出来才能发挥作用的，产品设计在选定材料与生产加工工艺过程中必须遵循可行原则。不管是零部件的加工工艺，整机的组装工艺，还是表面质地的处理工艺都必须切实可行，否则产品设计就只能停留在效果图上，或者虚拟的世界里。

5）造型美观

虽然美是一个相对的概念，美的标准因对象的文化背景、个人修养、成长环境等因素的不同而存在较大的差异，但美并不是孤立的存在。造型美观首先是指在产品形态的处理上要遵循基本的美学法则，各组成要素之间与整体的关系上具备基本的形式美感；其次也要根据产品的类型来拿捏分寸，并结合产品的消费群体、使用环境等要素进行针对性的系统思考。

6）人机友好

产品是为人服务的，满足人的需要、方便人的使用是产品设计的目的，也是产品评价的基础，人机关系的友好是产品设计的基本原则。实现人机友好要求设计师充分运用人机工程学的相关知识，在产品的尺度设定、界面规划、操作方式的选择等方面进行深度思考与探究。在互联网背景下，交互设计是人机友好关系在新领域、新产品上的一种延伸。

图1-17　水果削皮器 / Chaiyut Plypetch

7）成本恰当

针对不同的消费对象与需求，派生不同的产品定位，从而有不同成本构成，产品设计要遵循成本恰当的原则。功能、结构、材料与工艺的选择都是生产成本的构成要素，成本的投入与回报的关系最为密切。消费需求的多层次性应该由丰富的产品来满足，设计师既要避免成本的无谓浪费，也要在该体现产品价值的地方投入相应的成本，不可在产品定位与成本构成上形成错乱。

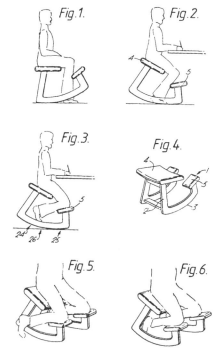

图1-18　balansvariable摇椅

图1-19　balansvariable摇椅

第三节　产品设计的沿革与发展

产品设计伴随着人类文明的进程，源远流长，它始终在技术进步和主动创新的驱动下围绕着人类需求的挖掘与满足不断前行，历久弥新。与科技进步相比较而言，发端于不同时期的设计思潮是影响设计师设计行为该如何进行的更为直接的主观因素。基于篇幅所限，本节对于产品设计的历史不做赘述，仅就20世纪以来有影响力的产品设计思潮进行一个简单介绍，并特别介绍产品形态观的衍变和当代产品形态的基本特征等内容，希望有利于学生后续的专业学习和未来成长。

图1-20　"梦醒"闹钟 / 光宝科技公司 / 中国台湾

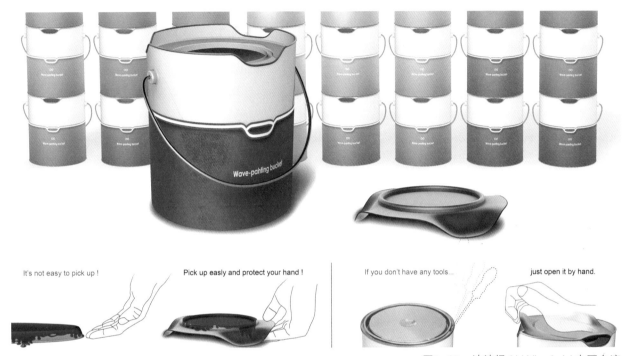

It's not easy to pick up !

Pick up easily and protect your hand !

If you don't have any tools...

just open it by hand.

图1-21　油漆桶 / Li Yin-kai / 中国台湾

1．20世纪有影响的产品设计思潮

1）人性化设计

产品的人性化设计是指在产品设计过程当中，根据人的行为习惯、人体的生理结构、人的心理情况、人的思维方式等，在保证产品基本功能和性能的基础上，使人的生理需求和精神追求得到尊重和满足，是体现人文关怀，对人性尊重的一种设计理念。产品人性化设计的发展趋势有如下六个特点：产品形态微型化、产品风格个性化、操作界面易用化、功能表现情感化、娱乐过程体验化和环保价值普适化。例如：在精神满足方面，光宝科技公司提出的一款"梦醒"闹钟（如图1-20），在设计上透过现代数字技术，对闹钟进行重新定义，通过声音、影像和情境的综合方式，提供使用者"在舒服满足的心情下起床的体验"，"梦醒"可以当成夜灯并显示时间，使用者可设定喜好的音乐和情境，佐以提神用的精油，透过情境模拟的方式，让使用者每个早晨都在没有局限、自然舒适的情境下，轻松而愉快地醒来。又如：台湾科技大学设计师 Li Yin-kai 等设计的油漆桶获得2012年IF概念设计奖，波浪形的油漆罐盖子，打开很省力，且无需使用任何工具。当盖子被放在地下时，很容易拿起，也不会粘到任何油漆。这是操作界面易用化的人性化设计案例（如图1-21）。

2）绿色设计

绿色设计是20世纪80年代末出现的一股国际设计潮流，绿色设计（Green Design）也称为生态设计（Ecological Design），环境设计（Design for Environment）等，是指在产品整个生命周期内，着重考虑产品环境属性（可拆卸性，可回收性、可维护性、可重复利用性等）并将其作为设计目标，在满足环境目标要求的同时，保证产品应有的功能、使用寿命、质量等要求。绿色设计的原则被公认为"3R"的原则：Reduce ,Reuse, Recycle，即减少环境污染、减小能源消耗，产品和零部件的回收再生、循环或者重新利用。例如：1994年，菲利普斯达克为法国沙巴公司设计的电视机，采用可回收的高密度纤维为机壳材料，成为家电行业绿色设计的新视觉（如图1-22）。

图1-22 电视机 / 法国沙巴公司 / 法国

3）可持续设计

可持续设计近来取代绿色设计，是一种构建及开发可持续解决方案的策略设计活动，要求均衡考虑经济、环境和社会问题，以再思考的设计引导和满足消费需求，维持需求的持续满足。可持续的概念不仅包括环境与资源的可持续，也包括社会、文化的可持续。评价可持续设计是否成功，要通过对环境、经济、社会三个领域是否造成损失的综合评估获得。可持续的产品有如下特征：

① 降低能源消耗

产品在制造过程中会消耗大量能源，电子产品在使用过程中也会耗费大量能源。设计师在设计产品时应尽量降低产品制造和使用环节的能源损耗。这方面的成功案例有如图1-23的手摇发电的"20/20"手电筒。

② 模组化

产品由一系列模组组装而成，这样可以提供很多功能的组合，提高产品间的通用性，并使产品可以轻松的维修或升级。

图1-23 "20/20"手电筒 / Freeplay Energy Corporation Ltd / 英国

图1-24　wasara 纸餐具系列 / 日本shinichiro设计工作室

③ 环保的材料

环保的材料包括有机可再生材料、生物分解材料、可回收的材料等。有机可再生材料包括竹材、木材、动物内脏等，这些自然生长的材料常具有与金属或合成材料一样的优良品质。生物分解材料包括经技术处理的纤维、树脂等，它们都可以被微生物分解成低分子化合物。可回收材料包括纸类、玻璃、塑料、金属等，它和可分解材料一样，在选用时都要考量当前的科技和基础设施，衡量回收过程消耗的能源与回收所得的关系，使其实现真正的有意义的可回收和可分解，对环境的危害降到最低。例如：由日本shinichiro设计工作室出品的一次性纸质餐具，完完全全颠覆了我们对一次性用品的想象力。各式各样的餐具虽说设计简单，但都拥有优美的曲线，看上去非常有质感。这套餐具全部采用芦苇秆，竹和甘蔗渣作为产品的原料，防油防水，可完全生物降解，做到真正的环保（如图1-24）。

④ 持久耐用

尽量延长产品的使用周期，做到物尽所用。例如由Stokke设计的Tripp Trapp椅子就是这方面的经典之作，这把椅子可以让0～15岁的孩子使用，是一张和孩子一起成长的椅子（如图1-25）。

图1-25　Tripp Trapp椅子 / Stokke / 丹麦

4）情感设计

在现代工业设计中，"情感化"设计是将情感因素融入产品中，使产品具有人的情感，它通过造型、色彩、材质等各种设计元素渗透着人的情感体验和心理感受。这正是随着生活水平的提高，消费者都希望自己购买的产品不仅好用，而且使用起来还要愉悦或能彰显自己的身份地位。令人愉悦的产品表现在：生理感官型态的愉悦、心理认知形态的愉悦、社交形态的愉悦、意识形态的愉悦。例如使用苹果iphone5时手中顺滑的触感（如图1-26）、开着世爵SpykerC12Zagato轿车获得的满足感（如图1-27）。

图1-26 iphone5 / APPLE / 2012　　　　　　图1-27 SpykerC12Zagato / 世爵 / 荷兰

5）无障碍设计

无障碍设计（barrierfree design）这个概念名称始见于1974年，是联合国组织提出的设计新主张。无障碍设计强调在科学技术高度发展的现代社会，一切有关人类衣食住行的公共空间环境以及各类建筑设施、设备的规划设计，都必须充分考虑具有不同程度生理伤残缺陷者和正常活动能力衰退者（如残疾人、老年人）群众的使用需求，配备能够应答、满足这些需求的服务功能与装置，营造一个充满爱与关怀、切实保障人类安全、方便、舒适的现代生活环境。例如2008年IF概念奖获奖作品castor，设计了一个可以上下楼梯的车轮，为使用手推车、轮椅等的出行者带来方便。（如图1-28）

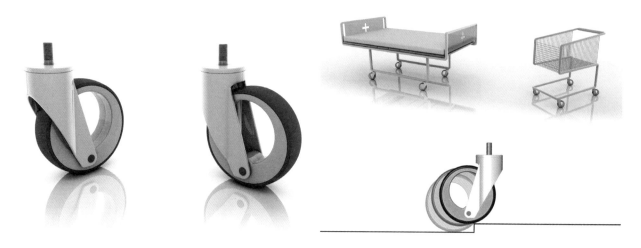

图1-28 castor / 2008年IF概念奖获奖作品

6）通用设计

通用设计又名全民设计、包容设计，是指产品在合理的状态下，无须改良或特别设计就能为社会上最多的人使用。设计师创造出来的产品或服务，要尽可能针对最广大的群众，不管能力、年龄或社会背景，也就是说要尽可能地包容边缘族群如老人、残疾人或职业病患者等的需求。通用设计是一种整合性设计，需要把不同能力使用者的需求整合到设计流程中，通用设计的7大原则对设计师起到了指引作用：

原则一：公平地使用（对具有不同能力的人，产品的设计应该是可以让所有人都公平使用的）；

原则二：灵活地使用（设计要迎合广泛的个人喜好和能力）；

原则三：简单而直观（设计出来的使用方法是容易理解明白的，而不会受使用者的经验，知识，语言能力及当前的集中程度所影响）；

原则四：能感觉到的信息（无论四周的情况或使用者是否有感官上的缺陷，都应该把必要的信息传递给使用者）；

原则五：容错能力（设计应该可以让误操作或意外动作所造成的反面结果或危险的影响减到最少）；

原则六：尽可能地减少体力上的付出（设计应该尽可能地让使用者有效地和舒适地使用，而丝毫不费他们的气力）；

原则七：提供足够的空间和尺寸（提供足够的空间和尺寸，使使用者能够接近使用，提供适当的大小和空间，让使用者接近、够到、操作，并且不受其身型、姿势或行动障碍的影响）。

例如设计师Isvea Eurasia带来的这款高度可调的坐便器（Height Adjustable Water Closet），坐便器背后的面板上有上下两个箭头按钮；按上，坐便器高度便升高，反之，则下降。设计师说，整个坐便器的升降范围可达25厘米，足以满足大多数人的需求。不论是大人、小孩还是老年人，都可以找到自己最合适的高度了（如图1-29）。

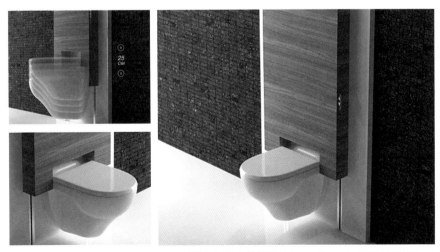

图1-29　可调节高度的坐便器 / Isvea Eurasia / 意大利 / 2012

7）交互设计

交互设计是通过数字产品来影响我们的生活，包括工作、玩和娱乐的设计。从用户角度来说，交互设计是一种如何让产品易用，有效而让人愉悦的技术，它致力于了解目标用户和他们的期望，了解用户在同产品交互时彼此的行为，了解"人"本身的心理和行为特点。

交互设计（InteractionDesign）作为一门关注交互体验的新学科产生于20世纪80年代，随着互联网的运用越来越普遍，交互设计越来越受到人们关注，近来出现了很多相关的产品。例如手机，如果站在"社会学"与"经济学"的角度，手机不仅仅是简单、时尚的生活用品，而是社会关系、经济结构、科技水平、生存方式的一个镜像。手机改变了人与人沟通的方式，创造了超越空间的对话（如图1-30）。

图1-30　iphone5 / APPLE / 2012

8）非物质设计

非物质设计思潮是近年来在欧美和日本广泛讨论的热门话题，是一门涉及诸多领域的边缘性学科。非物质（immaterial）的英文原意是"not material"。非物质设计是相对于物质设计而言的。进入后现代或者说信息社会后，电脑作为设计工具，虚拟的、数字化的设计成为与物质设计相对的另一类设计形态，即所谓的非物质设计。而传统的产品设计所提倡的形式与功能等诸多要素，在非物质设计中不再占据主导地位。特别是电脑和网络技术的迅速崛起和扩张，都为信息时代的到来贮备了必要的物质条件。未来产品设计可以在虚拟化的世界中完成产品的构想与后期模型制作，更可以独立于物质设计，建立虚拟化的产品。例如：苹果手机上的指南针和陀螺水平仪（如图1-31）。

图1-31　苹果手机上的指南针和陀螺水平仪

2. 产品形态观的衍变

1）产品形态认知的一般规律

产品形态是表达产品设计思想与实现产品功能的语言和媒介，通过形态的设计不仅要实现产品的使用功能，还要传达精神、文化等层面的意义与象征性。对产品形态的认知主要分为：功能识别的认知、象征意义的认知和使用操作的认知等三个方面。

① 功能识别的认知

功能识别的认知是指通过产品形态特征的表达，在消费者心中所建立起来的对产品本身所具有的使用功能类型的识别。产品形态和产品的功能是密切相关的整体，不管是"形式追随功能"的主张，还是"形式追随行为"的观点，以至"形式追随情感"的说法，操作上侧重点的不同，不能等同于关系的断裂，产品的形态都不可能从产品的功能中分离出来，而独立存在。它们的关系一方面表现为功能决定产品的基本形态；另一方面表现为形态对产品功能具有启发作用。产品的形态是其功能的表现形式和实现功能作用的媒介，在产品形态的认知过程中，人们首先会根据经验从形态识别产品的功能，如杯子是用来喝水的，椅子是用来坐的。

② 象征意义的认知

象征意义的认知是指透过产品形态而显示出来的心理性、社会性和文化性的象征价值的识别。例如，当人们看到某种产品形态特征时，在心理所产生的诸如高雅、单纯、活泼、可爱、昂贵、低俗、丑陋等感受；或者通过产品形态能给使用（拥有）者产生对其个性特点、文化品位、社会地位等方面的认同（如图1-32、图1-33）；或是通过系列的产品推出，形成或加强消费者对企业形象的总体印象等。对象征意义认知因素的考虑在不同类型的产品中占有不同的分量，它会随着消费对象和场所的不同而有不同的要求。象征意义认知因素在强势品牌的产品设计，风格类产品和身份类产品的设计中占有特别突出的地位，设计师需要特别加以研究。

图1-32　轿车 / 劳斯莱斯

图1-33　包包 / 香奈儿 / 2013

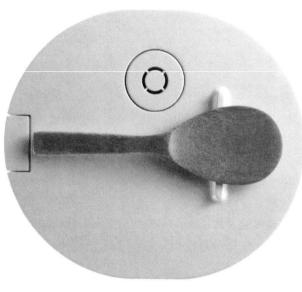

图1-34　电饭锅 / MUJI

③ 使用操作的认知

使用操作的认知是指透过产品形态在操作界面上的设计处理，在使用者心中所形成的对产品使用操作方式的识别。在产品造型设计中，它是产品功能得以充分发挥，建立良好的人机关系的关键环节。在处理产品操作界面设计的具体实践中，需要遵循的重要原则是：期待用户进行的操作是否能够被用户正确感知到；在一个容易使用的设计中，这些操作是否能很容易地被用户感知和正确理解；期待用户进行的操作是否能够被用户所发现；是否遵循了标准惯例和人机工程学的相关知识来减少错误操作的产生，从而避免安全事故的出现。这些形态设计原则的合理应用，使产品在被使用操作的过程中，更能体现出易用、安全等人性化的价值。例如MUJI电饭锅在平面的锅盖上有一个小的突起，就是放置饭勺的语义提示，同时通过各种按键的形态语义处理，实现按键操作方式的认知（如图1-34）。

2）产品形态观的衍变

形态观作为一种体现设计者的形态创造思路与价值认同的思想活动，深受技术、文化等因素的影响。它与单纯的设计方法不同，设计方法是一般的规律的总结，有着相对的稳定性。比如"师法自然"是一种比较原始的造型方法，它与今天所说的"仿生设计"其实没什么差别。鲁班被草叶的齿形边缘割伤后发明了锯子，莱特兄弟琢磨鸟类的飞行发明了飞机，两者之间虽然在技术层面存在着巨大的差异，但是就使用的方法上看是一样的。产业革命以后，科技的发展为各种各样的产品形态塑造提供了丰富的可能性，有关形态观的理论开始形成。关于产品的形态观概括起来有如下三种。

① "形随功能"的形态观

1843年，美国雕塑家Hotratio Greenough 在他的一篇文章中提到"形式追随功能"（Form follows function），后来经过美国建筑师路易斯·沙里文的大力推广和鼓吹，成为20世纪设计师的金科玉律。这是工业革命时期的形态观，在这里强调是实用物品的美应由其实用性和对于材料、结构的真实体现来确定。这种观点被现代主义发展到极端，当时所提出的口号叫"少即是多"，主张去装饰化。导致产品给人的感觉是严谨、理性有余，而亲切感、人性化缺乏，缺少对人类自身的理解与尊重，满足不了人类自身丰富的情感需求，例如现代主义的代表作红蓝椅和比乐蒂摩卡咖啡壶（如图1-35、图1-36）。

② "形随行为"的形态观

"形式追随行为"（Form follows action）的形态观是美国爱荷华大学艺术史学院华裔教授胡宏述先生20世纪前期提出来的，这里在强调产品功能的同时更进一步强调了以用户为中心的人机交互设计。这里的"行为"是指我们个人的行为动作、操作使用方式和行为习惯。主张在研究和遵循人类行为习惯和规律的基础上，进行产品的形态设计。这种观点对产品人机界面的优化，提高产品的可操控性和改善产品对于人类健康的影响等方面起到了积极的作用。例如Ronnefeldt "倾斜的"茶壶，它是根据泡茶的行为过程来设计的，首先将茶壶躺倒冲水，然后斜立泡茶，最后直立过滤将茶叶与茶水分开（如图1-37）。又如Microsoft Natural电脑键盘的设计，在字母位置的设置上不仅以严格的统计学为基础，英文字母在单词里面出现的频率和手指的灵敏度来设计键盘，而且在键的排列方向上也充分尊重人手的自然放置姿势，提高了产品的舒适度，对使用者的健康更有保障。（如图1-38）

图1-35 红蓝椅 /
Gerrit Thomoas Rietveld / 1917

图1-36 比乐蒂摩卡咖啡壶 /
Alfonso Bialetti / 意大利

图1-37 茶壶Tilting / Ronnefeldt / 德国

图1-38 电脑键盘 / Microsoft

③ "形随情感"的形态观

"形式追随情感"（Form follows emotion）是美国著名的青蛙设计公司所提出的观点，它体现了后工业社会人们对现代主义的反思，强调对人类自身精神需求的重视。在这里，它更强调一种用户体验，突出用户精神上的感受。强调好的设计是建立在深入理解用户需求与动机的基础上的，设计者用自己的技能、经验和直觉将用户的这种需求与动机借助产品表达出来，体现一种诸如尊贵、时尚、前卫或另类等情感诉求等（如图1－39、图1－40 、图1－41）。这种形态观可能带来的一个极端，就是过分注重人的心理感受而忽略了产品本身最初的使用价值，出现产品的精神功能压倒产品的物质功能的现象。

上述三种形态观，虽然存在着形成时间的先后关系，但是不存在高低优略之分，在实际应用上设计师要结合具体的设计实践进行综合把握，灵活运用。

图1-39　煮蛋器 / Alessi /米兰

图1-40　iPod Nano 3 / APPLE / 2007

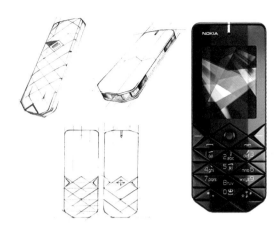

图1-41　手机 / NOKIA / 芬兰

3. 当代产品的形态特征

像其他事物一样，产品的形态也会打上明显的时代印记。从过去"大批量"生产、"大众化款式"的设计理念，到"多品种、差异化"、再到"个性化、定制生产"等设计新理念的出现，充分呈现了当代社会在技术进步与多元文化背景下，物质消费与产品设计的基本面貌。当代产品在形态上的总体特征表现为：风格简约化、形象个性化、尺度迷你化和界面人性化四个方面。

1）风格简约化

当今社会，人们生活在充满各种人造物品的繁杂世界中，面对社会、环境、工作与生活等各方面的压力，在内心深处试图寻找一种单纯而又有亲和力的关系来平衡，这就是产品走向简约的心理基础。简约的风格是指当代产品在外形特征上，绝大多数都给人一种简约而不繁琐的形式感受。简约不等于简单，它是单纯的体现。简约在当代科技的强力支持下，具有一种与信息时代相关联的现代感，包涵一种同现代生活相符合的精神，简约中往往蕴含着丰富的内涵（如图1-42、图1-43）。

2）形象个性化

个性化是物质丰富以后，消费者需求转变的必然结果，也是市场行为中商家拓展市场竞争制胜的有效手段。产品的形态具有良好的亲和力，在基本功能以外具备更多的情感附加值和恰当的身份与精神象征意义，个性特征明显是当代产品的一大特点。例如：法拉利的概念车Sergio Concept（如图1-44）和KWC Murano水龙头（如图1-45）。

图1-42　多士炉 / National / 日本

图1-43　咖啡机 / 正负零 / 日本 / 2007

图1-44　Sergio Concept / 法拉利 / 意大利

图1-45　KWC Murano 水龙头

3）尺度迷你化

产品尺度的小型化一方面是因为技术的进步，使小型化成为了可能；另一方面是出于观念的影响，以美观、便利和环境保护的价值观为支撑。

图1-46　MINI汽车 / BMC / 英国

"迷你"是mini的音译，中文含义是小型、微小。从英国女设计师玛丽·奎恩特（Mary Quant）在1966年推出的风靡了整个欧美的迷你裙（MiniSkirt）亦称"超短裙"），到风靡世界40年的MINI汽车（如图1-46），再到苹果公司出品的5厘米厚，16.51厘米见方的小巧的电脑Mac mini（如图1-47）。迷你的时尚一直都没有中断过。"迷你性"不仅是一种时尚流行，更是一种环保价值的体现。第一部MINI汽车出生在1959年的8月26日，是成立于1952年的英国汽车公司的作品。它出现的原因是由于1959年苏伊士运河危机使英国的汽油紧张，英国汽车公司决定生产一种比较经济省油的小型汽车，设计出发点非常明确与朴素：用尺寸最小的汽车轻松搭载4位成人和一些行李物品。就这样通过一个朴素的想法缔造了一个世界上产品中的经典之作。

4）界面人性化

人性化设计是当代设计的一种主要特征。人性化设计要求以人为中心，物为人所用，研究人类的心理和行为特性，并且在产品设计中予以充分的尊重与应用。产品界面的人性化设计综合反映在产品的操作上体现出产品功能的易用性和过程的交互性两大特点。例如：任天堂新主机revolution手柄，操作界面非常人性化。极大地提高了娱乐过程的交互性，能让玩家用现实中的动作来控制游戏中的动作、角度、方向、深度，功能和精确度都远超传统控制设备（如图1-48）。松下斜式滚筒洗衣干衣机阿尔法系列，就能充分满足消费者多元化需求。斜置界面不仅方便了消费者使用操作，它还搭载了智能烘干技术，能够在烘干时轻柔地抖散衣物，达到受热均匀、蓬松自然的烘干效果。轻松解决了晾晒问题，让高品质生活触手可及（如图1-49）。

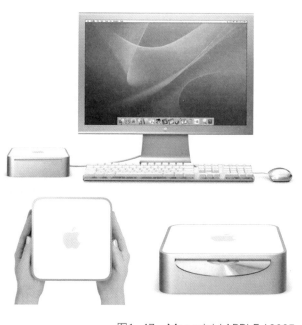

图1-47　Mac mini / APPLE / 2005

图1-49　斜式滚筒洗衣干衣机阿尔法系列 National / 日本

图1-48　revolution手柄 / 任天堂 / 日本

第二章
设计与实训

第一节　项目范例一

　　　　——生活用品设计（选一）

第二节　项目范例二

　　　　——儿童用品设计（选一）

第三节　项目范例三

　　　　——IT产品设计（选一）

本章内容选取的目的是满足学生岗位职业能力培养的需求。针对岗位的四种核心能力：协作能力、学习能力、创新能力以及执行能力，选择"生活用品、儿童用品、IT产品"三类典型产品设计项目进行实战介绍，目的在于兼顾完整流程训练的同时，考虑到产品类型差异所带来的侧重点的不一样，让学生通过对问题的关注、对对象的关注以及对路径方法的关注的多角度训练，能全面掌握产品设计的相关知识和能力。

第一节　项目范例———生活用品设计（选一）

生活用品是与人类日常生活关系最为紧密的产品，绝大多数的生产技术都非常成熟稳定，是广大产品设计师使用最多、感受最深、最容易发现问题、最容易获得用户体验和意见反馈的一类产品。故选择生活用品为项目进行设计实训。这里所说的生活用品泛指日常家庭生活所常用的产品，包括电器和非电器在内。

1. 项目要求

▶ 项目介绍

设计来源于生活，关注生活习惯、研究生活细节，发现生活中存在问题，提出创造性的解决方案，提升生活品质是本项目的设计目标。通过本项目的训练使学生掌握生活用品的设计要点和方法，遵循从"概念提炼＞创意展开＞产品形成＞成果发布"的完整程序，设计出满足用户需求、符合市场规律、创新性高的生活用品。

项目名称：生活用品设计。

项目内容：生活用品的创新设计。

项目时间：96课时。

训练目的：A. 通过训练，掌握生活用品设计的基本知识点；
　　　　　B. 学习生活用品设计的方法与程序；
　　　　　C. 培养团队协调、口头表达、设计表现等能力。

教学方式：A. 理论教学采取多媒体集中授课方式；
　　　　　B. 实践教学采取分组研讨方式；
　　　　　C. 利用《产品设计》网络课程平台，开辟了网上虚拟课堂；
　　　　　D. 结合企业现场教学及名师讲座。

教学要求：A. 多采用实例教学，选材尽量新颖；
　　　　　B. 教学手段多样，尽量因材施教；
　　　　　C. 设计的生活用品要符合市场及用户需求；
　　　　　D. 作业要求：市场调研报告PPT一份；设计草图50张；产品效果图、使用状态图多张；版面两张；工程图纸一份；报告书一本；模型一个。

作业评价：A. 创新性：概念提炼，创新度；
　　　　　B. 表现性：方案的草图表现，效果表现，模型表现及版面表现；
　　　　　C. 完整性：问题的解决程度，执行及表达的完善度，实现的可行性。

2. 设计案例

1）企业作品案例

作品名称：鸟鸣壶

生产企业：ALESSI

设计解码：作者迈克尔·格雷夫斯(Michael Graves)是美国最有名望的后现代主义设计师之一，他是个全才，除了建筑，还热衷于家具陈设，涉足用品、首饰、钟表及餐具设计，范围十分广泛，他的设计讲究装饰的丰富、色彩的丰富。

人性化是这款开水壶的主要特征，提手部位的加粗橡胶，清晰地提示手握的位置，提高了手感舒适度，防止了烫伤的发生。壶嘴上端的鸟形气哨，在水开时会发出鸣叫，提醒人们关火，防止水壶烧干发生意外，从形和声两方面增添了使用过程中的情趣和功能（如图2-1）。

作品名称：AM01 30cm 无叶风扇、真空吸尘器

设计者：James Dyson

设计解码：詹姆斯·戴森（James Dyson）是一名工业设计师、发明家、戴森公司的创始人，被英国媒体誉为"英国设计之王"。他是除了维珍集团的理查德·布兰森外，最受英国人敬重的、富有创新精神的企业家。代表作是无叶风扇和真空吸尘器。

传统风扇使用快速转动的叶片来切割空气，但叶片转动会形成令人不愉快的震颤。戴森发明的无叶风扇，采用 Air Amplifier 技术放大周围的空气，通过导入和牵引的物理原理，提供持续的平稳气流，改善了这一问题。

图2-1 鸟鸣壶 / Michael Graves 意大利 / 1985

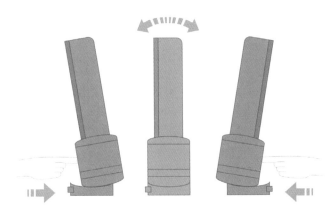

图2-2 无叶风扇使用状态图（可360度旋转）

无叶电风扇(Air Multiplier)，也被叫做空气增倍机，它能产生自然持续的凉风，由于没有叶片，不会覆盖尘土，或者伤到好奇儿童的手指，既安全又易于清洁。更奇妙的是无叶电风扇的造型奇特，外表既流线又清爽，给人造成无法比拟的视觉效果。和大多数桌上风扇一样，无叶电风扇能转动90度，而且还可以自由调整俯仰角、遥控控制、液晶显示室内温度及日期时间，在设计上更容易操作，更具人性化。设计新颖时尚，因为没有风叶，阻力更小，没有噪音，没有污染排放，更加节能、环保、安全。

图2-3　AM01 30cm 无叶风扇 / 詹姆斯·戴森 / 英国 / 2009

这款风扇开创了无叶风扇的先河，从技术到外观都改变了人们对风扇的固有看法（如图2-2、图2-3）。

戴森真空吸尘器均采用拥有专利的戴森气旋集尘技术。强大的离心力可将灰尘和污垢从空气中分离出来，直接进入集尘盒。

在最新款戴森的真空吸尘器中不仅应用了BallTM 球形技术，加强了机器移动的灵活性；并且通过最新的多圆锥气旋技术改变气流的流动方向:不但提高了气流流动效率，还有效地降低了噪音。因此，新款戴森真空吸尘器可以吸入更多微小颗粒。这些改良有助于除去家中的污垢、灰尘、过敏原和宠物毛发（如图2-4）。

图2-4　DC26 Carbon Fibre真空吸尘器 / 詹姆斯·戴森 / 英国 / 2012

作品名称：飞利浦阅读灯

设计单位：上海木马设计有限公司

设计解码：飞利浦阅读灯像书签一样薄，可随时随地享受阅读的乐趣。它体积小、重量轻、携带方便，它只照亮书页而不影响周围环境，它采用LED照明技术使纸制品与照明结合成一体的设计思想是传统与新科技的结合与创新（如图2-5）。

图2-5　飞利浦阅读灯／上海木马设计有限公司

作品名称：牛顿奶糖罐

生产企业：芬兰Tonfisk

设计者：Tanjia Sipila

设计解码：芬兰Tonfisk品牌受关注产品之一。牛顿万有引力定律的巧妙运用，一个有趣而实用的设计。奶壶上部内壁的两侧设计有两个向内凸起的支点，支撑一个小巧的糖碗，当倾倒牛奶时，糖碗依靠支点支撑，摆荡向上，始终保持平衡。往奶杯中加糖的动作，可顺势完成，一气呵成（如图2-6）。

图2-6　牛顿奶糖罐 / Tanjia Sipila / 芬兰

作品名称：柠檬榨汁器

生产企业：芬兰Tonfisk

设计者：Susanna Hoikkala 和 Jenni Ojala

设计解码：芬兰Tonfisk品牌受关注产品之一。该榨汁机造型简单大方，方便实用，利用一个小尖顶把切好的半个柠檬只要往碗里一转，柠檬汁顺势按出，然后顺着小漏嘴倒汁即可（如图2-7）。

图2-7　柠檬榨汁器 / Tonfisk / 芬兰

2）学生作品案例

产品名称：老年人多功能读书灯

设计者：庄彪

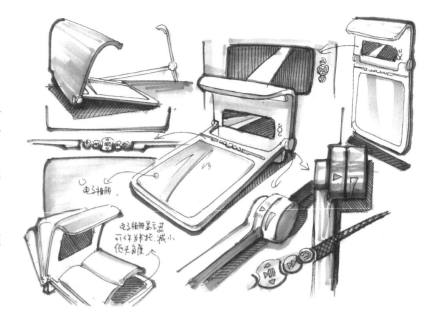

设计解码：该读书灯具有电子书（书报期刊、医疗保健、饮食大全）以及电子相册与时钟功能，配以背景光照明，夜晚看书不影响老伴，不直射刺眼。

"台式、挂式"随意变换 既可倾斜摆在台面上，又可100度旋转，作壁灯挂在墙上。

造型突破传统，外观时尚现代、简洁大方（如图2-8）。

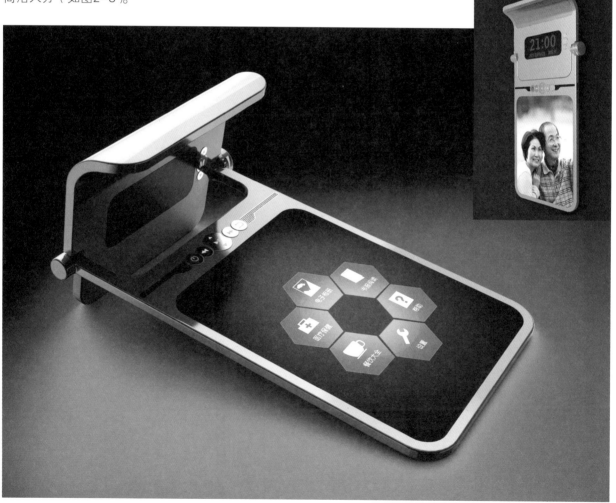

图2-8 老年人多功能读书灯 / 广东轻工职业技术学院 庄彪 / 杨淳指导

产品名称："法拉利"须刨

设计者：刘志伟

设计解码：该须刨的设计灵感来源于法拉利FF系列
跑车，对其流线的外形风格和细节处理手法进行借
鉴，设计出一款具备法拉利形态语意特征的须刨产
品（如图2-9）。

图2-9 "法拉利"须刨 / 广东轻工职业技术学院　梁志伟 / 廖乃徵指导

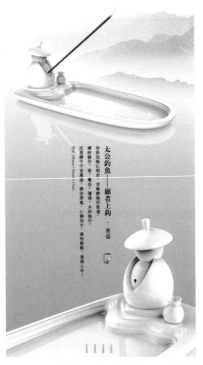

产品名称：香台系列

设计者：莫建平

设计解码：参禅与钓鱼有密切关系，以动写静，反衬出万籁俱寂的宁静氛围，又暗示出佛家禅定的最佳境界，钓境与禅境密合无间。作品灵感取自鱼禅的意境与檀香完美相结合，犹如鱼儿饵食，水中泛起阵阵涟漪！

佛说：参禅求悟，就是为了打开闷葫芦，把灵魂放出来。禅的真正意义要靠自己用心灵智慧去体验和领悟，透过禅的意境来看现实生活，品味人生的真谛（如图2-10）。

图2-10　香台系列 / 广东轻工职业技术学院　莫建平 / 廖乃徵指导

产品名称：不锈钢果盘

设计者：陆泳因，谢晓怡，胡惠梅

设计解码：该系列的不锈钢果盘灵感来源于高脚杯，盛放水果时可以滤干水分，下面的小碟可用来放果皮，符合用户需求。线材与面材的选用充分考虑不锈钢的工艺特点，方便成型（如图2-11）。

产品名称：光影榨汁机

设计者：刘伟强

设计解码：该榨汁机不但能提供美味的果汁，使用时还能产生梦幻的光影效果，使人食欲倍增（如图2-12）。

图2-11　不锈钢果盘
　　　　广东轻工职业技术学院　陆泳因，谢晓怡，胡惠梅 / 桂元龙指导

MIRAGE JUICER
光影榨汁机

配有多种缤纷的色彩供你选择—一定有款适合你的

| NEW | LIGHTING FUNCTION | SLOW MOTOR |

MIRAGE JUICER

PRODUCT

尺寸图 Size Figure

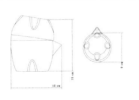

内部机械组件 Internal mechanical components

榨纹器　转盘　工作电机　电机固定件　基件　灯腔

如何使用 How to use

发光效果

图2-12　光影榨汁机／广东轻工职业技术学院　刘伟强／桂元龙指导

3．知识点

1）产品的功能与结构设计

① 产品的功能设计

A. 功能的分类

产品的功能可以分为使用功能与审美功能。

功能是产品的核心，也是最基本的属性，产品是为了满足人们的某一需求而被创造出来的，任何一件产品都有着它的最基本的存在价值——使用功能。使用功能是指产品的实际使用价值；审美功能是利用产品的特有形态来表达产品的不同美学特征及价值取向，让使用者从内心情感上与产品取得一致和共鸣的功能。

从另一角度，功能可分为单一功能和多功能。产品设计是围绕着问题的解决而展开，以问题的合理解决为最终目的的创造性活动。一般来讲，产品的功能是产品所要解决的最基本的问题，功能因素是任何一件产品设计最基本的也是最主要考虑的因素之一。功能有强烈的针对性，只有在综合考量使用对象、使用状态、使用环境和需要解决的问题的基础上，才能较好地进行取舍。一件产品的功能并不是多多益善，过分就导致浪费；也不是越少越好，不足又显得欠缺。往往一个好的设计作品在功能数量的把握上都很有分寸，既要把握使用者的实际需求，又要把握使用的易用性。比如：图2－13这款起瓶器尽管体积小巧，但功能强大。将翘和旋的两种功能置于球体开口的两边，球体侧面的圆柱体，开瓶时是手柄，插进瓶口就成了瓶塞。开瓶器结构上将开启瓶盖的金属片做预埋件藏于塑料件里，提高了开瓶器的强度和改善了把手的刚性。又如：图2－14这个花瓶，同时具备收纳小物件的功能。

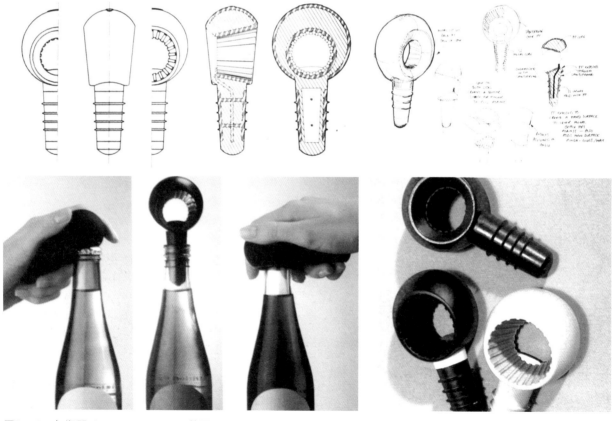

图2-13　起瓶器 Oxo International / 美国

图2-14　收纳花瓶/广东轻工职业技术学院　林董任/伏波指导

B. 功能来源于需求

产品的开发来源于需求，开发产品的目的是满足需求。功能需求是用户对产品使用功能等相关属性的要求和愿望。马斯洛的需求层次理论把人类需求分成六个层次，可见需求是多层次和多样性的，这也是人类创造出各种功能的产品的动力。有效地获取和理解用户需求，并在产品功能的抽象表示和描述中准确地反映用户需求信息，是产品进行功能设计的先决条件，也是取得概念设计成功的必要前提。

C. 产品的功能设定

第一：产品的功能设定要符合产品的定位，要与用户的需求相一致。

第二：子功能的设定要与主体功能相一致。

第三：产品功能的设定要能够量化。

第四：产品功能设定要完整、明确。

例如：

产品：手电筒（如图2-15）。

产品定位：为户外活动的人设计一支手电筒。

主功能：照明。

子功能：能够自给能源；方便携带。

功能量化：照明的亮度；照明的范围；照明使用的时间跨度。

功能的设定要完整：照明功能；产品易于携带；能够自给能源。

照明功能的细化与明确：照明的亮度；照明的范围；照明使用的时间跨度；照明的亮度是否需要调节。

图2-15　手摇发电手电筒

② 产品的结构设计

结构是产品功能得以实现的基本保障，合理的结构设计可以增强结构材料的受力强度和稳定性，并在一定意义上影响产品的外部形态。就部分产品而言，结构关系就直接决定产品的主要形态特征，比如，大多数传统工具类产品就是很好的例证。在比较复杂的产品上，其结构是指各个组成部分之间相互关联，并能起到支撑、平衡或传递运动作用的各种方式。

A. 产品结构的分类

产品的结构可分为：实现产品各组成要素之间关系的结构和实现产品的运动传递关系的机构两种不同的类型如表2-1。

表 2-1　产品结构类型与特点

实现产品各组成要素之间关系的结构	分类	特点
	产品壳体结构	产品壳体结构是产品外部造型，是包裹产品的封闭型结构
	产品支撑（框架）结构	支撑产品的重量、内部组件及产品壳体，配合产品造型，安装连接产品内外器件
	产品安装连接结构	将产品内部各组件固定起来，保证各组件的相对位置、安装强度与可靠性；将产品壳体与框架及产品组件共同连接起来
实现产品的运动传递关系的机构	分类	特点
	平面连杆机构	由一些刚性构件以相对运动连接而成，多呈杆状（如图2-16）
	凸轮机构	由凸轮、从动杆和机架三部分组成（如图2-17）
	间歇机构	实现间歇运动的两种主要机构即棘轮机构和槽轮机构（如图2-18、图2-19）

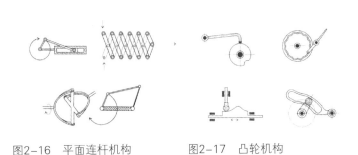

图2-16　平面连杆机构　　图2-17　凸轮机构

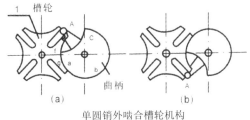

单圆销外啮合槽轮机构

(a) 圆销进入径向槽　　(b) 圆销脱出径向槽

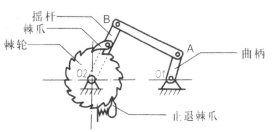

图2-18　棘轮机构

双圆销外啮合槽轮机构

图2-19　槽轮机构

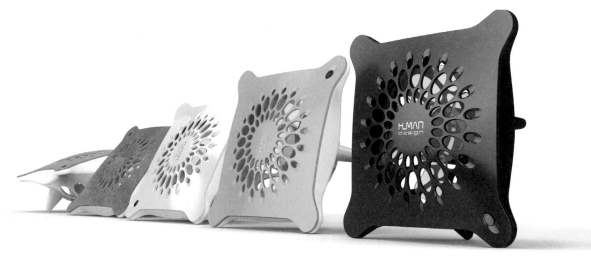

图2-20　USB风扇 / 广州人本造物产品设计有限公司 朱雍 / 中国

B. 产品的结构与功能的关系

好的结构是实现产品功能的基本前提。各种可折叠的产品，其折叠的结构，是产品实现方便携带与收藏功能的基本保障。恰当的结构处理有利于巧妙实现产品功能，例如：USB风扇（如图2-20），其摆放角度调节功能就是由风扇背面的三个长短不一、位置不同的角状突起结构来实现的。

好的结构还有利于产品功能的改善与拓展。例如：该MisterT（如图2-21）的收纳支撑结构使得产品的使用方式产生了多种变化，体现其多功能特色，既可以是茶几，脚踏，又可以是凳子，靠垫，整体小巧移动方便，还具备收纳的功能。

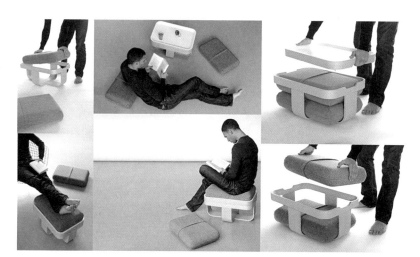

图2-21　MisterT / Antoine Lesur / 法国 / 2012

又如：花瓶伞，巧妙利用一个壳体结构，改良后使雨伞的携带、存放以及装饰功能得以提升。雨天用后装入壳内可防止雨水外滴，当伞闲置不用时，将其收拢放入壳内，既可防尘又使外形美观，对家居环境起到装饰美化的效果（如图2-22）。

图2-22 花瓶伞
广州市互动概念产品设计有限公司 郭宜清 / 中国

C. 产品结构设计的要求
第一：产品结构应反映生产规模的特点。
第二：合理规划产品结构组件。
第三：尽量利用典型结构。
第四：力求系统和结构简单化。
第五：合理选择基准、力求合一。
第六：贯彻标准化、统一化原则。

2）影响产品形态设计的相关因素
作为人造物的产品，它是由人类根据自己的需要有计划地创造出来的，其形态的最终形成，却是设计师在若干影响要素之间进行平衡的结果。这其中有部分要素，比如：功能、结构、材料与工艺、环境、人机工学等方面的因素，有着不以人的意志为转移的自身规律和特点，在产品形态设计的过程中发挥着相对客观的影响作用，人赖以生存的文化环境，也会透过设计师的思维和行为间接作用在产品形态设计之中。设计师对这些因素的充分理解和尊重，是做好产品设计工作的前提。下面结合不同的因素，就其与产品形态的关系进行说明。

① 功能与产品形态
A. 产品的使用功能决定产品形态的基本构成
功能是产品存在的前提，也是识别产品的基础。功能的不同导致产品形态质的差异。在这里我们说的产品是指具有使用功能的产品，不是那些纯观赏性的产品。产品的使用功能是基于人们的使用要求而产生的，不同的使用功能就构成产品形态的不同的基本结构，脱离了使用功能，产品的形态就失去了存在意义。例如一只水壶，其使用功能决定了它的形态的基本结构必须有壶身、壶嘴、壶盖和把手。不管每一部分各自的形态如何，它们之间的组合方式如何，形态上最基本的特征都不会改变（如图2-23至图2-25）。

052

图2-23 水壶
亚德罗西 / ALESSI

图2-24 水壶 / Prestige

图2-25 水壶 / Richard Sapper / 1983

B. 产品功能的增减带来形态的变化

现今社会，多功能的产品越来越多，这有三方面的原因：第一，随着科技的不断发展，产品的多功能越来越成为可能；第二，由于产品价格不断走低，用户购买产品时将更趋理性，从主要考虑价格因素，转向追求更多功能、更好品质以及更高的性价比；第三，随着微电子、新材料、新能源的发展和应用，完成单个产品功能所需要的材料的体积、重量和成本都在下降，使多功能集成成为可能。多功能集成化的产品设计是人类需求、技术发展和市场规律的必然结果。

产品功能的增减带来形态的变化在IT产品上表现不明显，但对生活用品的形态就带来了很大的影响。例如集切、剪、起盖等多种功能的瑞士军刀 (如图2－26)，集打印、传真、通话功能的电话机(如图2－27)。

图2-26 瑞士军刀 / Carl Elsener / 瑞士/1891

图2-27 PPF591P/CNB传真、电话和复印一体机
Philips / 荷兰

C. 审美功能的价值取向影响产品形态的风格特征

任何产品都有它特定的消费者，消费者审美的价值取向会影响产品的形态的风格特征。通过产品来表现使用者的个性特征和身份属性是审美功能的一个方面。它也是设计定位的主要依据之一，是设计师进行产品差异化处理的导向仪。

环顾我们周围的人群，可以发现同样作为生活道具的用品之间存在着很大的差距，那种精致的与众不同的所谓"小资情调"的东西，已经变成了一种白领阶层所向往的品位生活的象征（如图2-28、图2-29）；追求时尚、前卫的东西成了年轻人突出个性的符号（如图2-30、图2-31）；而纯功能性的、少有修饰、做工不够精美的东西，似乎就是生活还处于原始状态的直接写照。承认并仔细地研究产品的身份属性是设计师处理好生活用品设计工作的关键，任何回避和错位的理解只能复杂设计的关系，不利于完成精彩的作品。

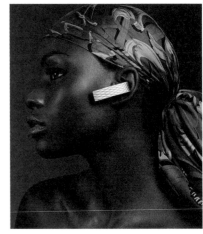

图2-28　jawbone bluetooth headset颌骨（耳机）/ Aliph / 美国 / 2006

图2-29　太阳镜 / CHANEL / 法国　　　图2-30　腕表UR-202 / Urwerk / 瑞士

图2-31　MP3 iPod Nano / Tony Fadell / APPLE / 2005

第二章　设计与实训

② 结构与产品形态

A. 结构的不同引起产品的形态的变化

我们以手机和吸尘器的结构为例来说明这个问题。

现在，人们依据手机外型的结构差异将手机分为不同的类型，比较常用的分类是把手机按照结构关系分为折叠式（单屏、双屏）、直板式、滑盖式、旋转式等几类。

第一：折叠式

折叠式手机又叫翻盖式手机，要翻开盖才可见到主显示屏或按键。只有一个屏幕，则这种手机被称为单屏翻盖手机。而双屏翻盖手机，即在翻盖上有另一个副显示屏，这个屏幕通常不大，一般能显示时间、信号、电池、来电号码等功能。翻盖手机一般比较短小，还免除了锁键盘的工作和减少了误操作的出现（如图2－32）。

图2-33　三星 9082智能手机 / 韩国

图2-32　三星 SCH－W999手机 / 韩国

第二：直板式

直板式手机就是指手机屏幕和按键在同一平面，手机无翻盖。直板式手机的特点主要是外观简洁，现在流行的直板触屏手机，屏幕较大，可以直接看到屏幕上所显示的内容如来电、短讯等，按键多简化为一到两个（如图2－33）。

第三：滑盖式

滑盖式手机主要是指手机要通过抽拉才能见到全部机身。有些机型就是通过滑盖才能看到按键；而另一些则是通过上拉屏幕部分才能看到键盘。从某种程度上说，滑盖式手机是翻盖式手机的一种延伸及创新。滑盖不像直板手机那样一成不变，也不像翻盖手机那样容易损坏。滑盖手机，独特的滑轨，上下盖的呼应关系，形态上往往给人一种流畅的美感（如图2－34）。

第四：旋转式

旋转式手机在结构上是折叠式手机的变异，它拥有折叠的优点，形态上强调旋转轴的作用，体现出明显的风格个性（如图2－35）。

图2-34　摩托罗拉 Evoke QA4手机 / 美国

图2-35　摩托罗拉 V70手机 / 美国

吸尘器因结构方式（或关系）的不同，产生了丰富多样的产品形态（如图2-36至图2-40）。

图2-36　FC8146吸尘器 / Philips / 荷兰

图2-37　吸尘器 Electrolux / 瑞典

图2-39　FC8146吸尘器 / Philips / 荷兰

图2-38　三叶虫吸尘器 / Electrolux / 瑞典

图2-40　DC36 Carbon Fibre 吸尘器 /
詹姆斯·戴森 / 英国

第二章　设计与实训

B. 部分产品的结构直接表现为形态

在产品的形态处理中，有时候结构和形态之间的关系是合二为一，不分彼此的，处理好了产品的结构关系也就基本上完成了产品的形态设计。这种现象在功能型产品中表现比较明显，比如台灯、园艺剪刀、托盘、自行车（如图2－41至图2－44）。

图2-41　蒂奇奥台灯 / 里查得·萨帕 / 德国 / 1972

图2-42　园艺剪刀 /
Fiskars Consumer Oy Ab Billnas / Finnland

图2-43　LUSH LILY 托盘 / 维斯·贝哈

图2-44　Aeroad CF 自行车 /
Canyon Bicycles GmbH / 德国

C. 结构的恰当展现有利于产品形态美感的提升

形态设计的手法灵活多样，不能简单局限于产品的外部，做纯表面性的文章，对于一些内部结构精美的产品，可通过外表面透明处理，起到丰富形态、增添美感和情趣的作用。例如，订书机和台灯采用透明的外壳隐隐约约看到产品内部有序的结构关系，借助这些细节提升了产品形态的美感（如图2－45、图2－46）。

又如OMEGA超霸系列手表，通过展示产品内部的机械结构和动态关系，传递出产品强烈的技术感和精致品位，并体现出一种男性的阳刚之美（如图2－47）。

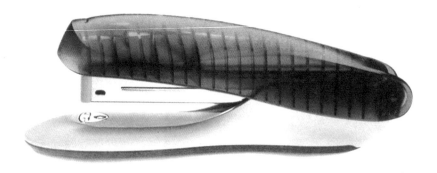

图2-45　ACCO 订书机 / Julian Brown / 意大利

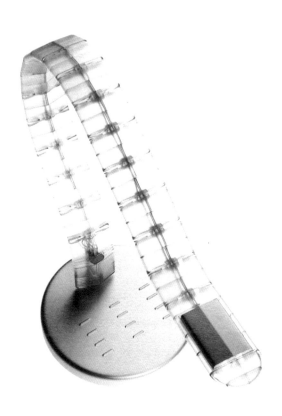

图2-46　"soon"台灯 / TOBIAS GRAU GMBH / 德国　　　　图2-47　超霸系列手表 / OMEGA / 瑞士

③ 环境与产品形态

A. 产品的使用环境

环境是指某一特定生物体或生物群体以外的空间，以及直接或间接影响该生物体或生物群体生存的一切事物的总和。环境总是针对某一特定主体或中心而言的，是一个相对的概念。本书所指的环境主要是指产品使用的自然环境，可分为室内环境与室外环境，室内环境，是相对于室外环境而言，通常我们所说的室内环境是指采用天然材料或者人工材料围隔而成的小空间，也是与大环境相对分割而成的小环境。我们工作、生活、学习、娱乐、购物等相对封闭的各种场所，例如：办公室、家居住宅、学校教室、医院、大型百货商店、写字楼以及飞机、火车等交通工具都包括在室内环境之中。室外环境是指一切露天的环境。

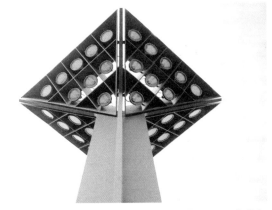

图2-48　广场灯

B. 产品不能离开环境而独立存在

产品设计要充分考虑产品的使用环境因素对产品带来的影响，必须首先保证产品在环境中的正常使用效果。环境的光、声、温度、湿度、空间尺度等物理因素，以及酸碱性等化学因素都会直接影响到产品使用效果的发挥，对这些因素的应对，最终都会影响或者作用到产品的造型设计。比如我们以灯具为例，照明是灯具的基本功能，不同的空间环境对灯的要求存在着巨大的差异。户外广场用的照明灯不仅要求光源有足够的亮度，其功率动辄就是几千瓦，而且还要考虑满足防风、防雨、防日晒等特殊的需要，安装的尺度也要比较高，一般在10米以上，否则就直接影响照明效果的发挥（如图2－48）。而家庭用的台灯在亮度上60瓦的白炽灯就已经很亮了，底座高度如果超过1米，放置和使用就成了问题（如图2－49）。

图2-49　LED阅读灯 / DavidPidcock / 澳大利亚

不同地区气候的差异也对产品提出不同的要求，进行产品设计时，要根据各地气候特点进行分析，一方面要针对性处理确保产品在日晒雨淋、冰天雪地等环境中能正常使用；另一方面也要适应不同地区的气候特点开发出有地区特色的产品来。比如：抽湿机因为在干燥空气方面的作用，对付梅雨季节的潮湿天气特别管用，在我国长江以南的广大地区深受欢迎；而增（加）湿机因为在增加空气湿度方面的特殊功效，在我国的北方地区有着广阔的市场（如图2－50）。

图2-50　加湿器 / sunbeam

C. 环境与产品形态的关系

第一：环境介质的差异，影响产品形态的基本特征。

环境介质的不同导致产品形态出现本质性的差异。例如：飞机、游艇、潜水艇和汽车这四者的形态与使用环境的介质有非常密切关系。喷气式飞机要在空中飞翔，其环境介质是空气，一般情况下，形态上就少不了螺旋桨和机翼两大组成部分。游艇以水为环境介质，要实现在水面航行，保证有足够的浮力和前进的动力，船身就必须呈封闭腔体的基本形态和具备螺旋桨推进器。像潜水艇为了实现既能在水面航行，又能下沉到海洋深处潜航，其外形就必须是一个完全封闭的腔体。而汽车在地面行驶，与地面产生相对运动，主要介质是固体的路面，所以轮胎是汽车的主要形态特征（如图2-51至图2-54）。

图2-51　波音787客机 / 美国

图2-52　pershing82游艇 / 博星 / 意大利

图2-53　"前卫"号战略核潜艇 / 英国皇家海军

图2-54　BMW_6_Series / 德国

因为环境介质的不同，即使产品的功能相同也会呈现出不同的形态特征。滑冰是一项比较受欢迎的运动，而溜冰又有水冰和旱冰之分。就溜冰鞋而言，水冰的介质就是结冰的水面，冰面的摩擦力小，以坚硬的冰刀来实现相对滑行运动，鞋底为硬皮，冰刀以螺钉或铆钉固定在鞋底上。所以一字型冰刀是水冰鞋的主要特点。而旱冰的介质其实就是平滑的硬质地面，滑行依靠鞋底的滚轮来完成，所以滚轮是旱冰鞋的主要特点（如图2-55、图2-56）。

图2-55　旱冰鞋
Decathlon SA / 法国

图2-56　水冰鞋 / CMM / 瑞士

第二：环境的空间尺度，决定产品的外形尺寸。

产品的形态尺寸受制于产品使用对象的人体尺度、产品内部的结构关系和产品所处环境的制约关系等多种因素。而产品所安装、放置（或使用）环境的空间尺度，对产品的外形尺寸有着决定性的影响。受这种因素影响的产品非常多，例如:同样是投放垃圾的工具，安置在户外公共场所的垃圾桶和普通家庭使用的垃圾桶在形体大小上存在着显而易见的差距（如图2-57、图2-58）。

第三：产品使用环境的特定要求，影响产品的形态特点。

环境的差异，往往对产品提出不同的要求，需要产品在形态设计上进行针对性思考。例如：徒步探险用的头灯（如图2-59）；旷野环境中使用的大照度便携手电筒（如图2-60）；轿车内部使用的各种产品（如图2-61）。又如矿井、水下、太空、高危作业等特定情形状态下的环境，由于环境的特殊性质，出于安全的需要，对产品的要求超出了基本功能以外，这些特定的附加功能要求，在产品的形态上一般都会有比较明显的表现。比如潜水服、太空服虽然都是服装，但是，潜水服却更多的是考虑到潜水员在深水作业状态下，如何保障足够的氧气供给和增加水下行动的速度和灵活性，其形态一般为紧身形，表面光滑，并配有氧气筒和潜水镜等辅助工具。在太空行走的舱外航天服用一种特殊的高强度涤纶做成，是航天员出舱进入宇宙空间进行活动的保障和支持系统。它不仅需要具备独立的生命保障和工作能力，而且还需具有良好活动性能的关节系统以及在主要系统故障情况下的应急供氧系统，要做到与外界完全隔离，必须绝对是"无缝天衣"。

图2-57 户外垃圾桶 / 思地美桶业 / 中国

图2-58 室内垃圾桶 / IKEA / 日本

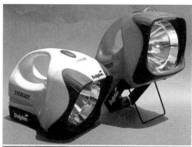

图2-60 旷野手电筒 / EVEREADY / 印度

图2-59 LED LENSER H14 LED头灯 / Zweibrüder Optoelectronics GmbH & Co. KG / 德国

图2-61 奥迪A7内饰 / 德国

④ 技术与产品形态

A. 技术的概念及分类

技术本质上是人类生存与发展的方式。它从诞生之初，就体现出推进人类物质文明进步、保障人类生存和发展的价值。火的发明，使人类掌握了抵御寒冷的武器，扩大了人类的活动空间；农耕技术的发明，使人类开始有了相对稳定的衣食来源，并进而带动物质交换、社会组织等文明形态的出现，由此，自然人开始演变成社会人；蒸汽机的发明与使用，纺织机等工作机械的发明与改良，拉开了工业社会的序幕；电动机的发明，电力的使用，又将人类带入电气化时代；信息技术的出现，不仅将人类带入信息社会，而且还推进了经济全球化和知识化的进程。我们完全有理由相信，正在酝酿的生物技术革命及其资源化、市场化和产业化，所带来的影响有可能会与信息技术的影响同样广泛和深远（如图2-62）。

从技术的发展历程，人们总结出：技术是指人类为了满足社会需要，遵循自然规律，在长期利用、控制和改造自然的过程中，积累起来的知识、经验、技巧和手段，是人类利用自然、改造自然、创造人工自然或人工环境的方法、手段和技能的总和。技术要素按其表现形态，可以分为以下三类：第一类，经验形态的技术要素，它主要指经验、技能等主观性的技术要素；第二类，实体形态的技术要素，它主要指以生产工具为主要标志的客观性技术要素；第三类，知识形态的技术要素，它主要指以技术知识为特征的主体化技术要素。

B. 技术与产品形态的关系

第一：技术的进步带来产品的形态特征的改变。

技术的进步直接带来产品的形态特征的改变，例如灯具的演变（如图2-63至图2-65）。产品设计依赖于技

图2-62 "MY SOFT OFFICE" 电脑及周边设备 / Hella Jongerius Jongeriuslab / Rotterdam / Nethelands

术的实现，没有技术的支持，没有先进的材料以及相应的加工工艺就不可能有我们今天赖以生存的产品，离开了技术的进步就没有产品的发展和进步。不同的技术水平作用在产品上会表现出不同的形态特征，无论是现代产品还是传统产品都是这样，新技术是产品发展的新鲜血液，不失时机地掌握和运用新技术，能从根本上推动产品步入新的台阶。

第二：技术的差异直接导致产品形态的变化。

同一个时期的产品，在实现相同功能目标的情况下，使用不同的技术，会直接导致产品形态的变化。例如，移动电话和固定电话，都能实现通话的目的，但由于使用技术不同，产品形态差别很大。现在的移动电话，采用的是数字蜂窝移动电话技术,它的体积小到可以握在掌心，重量大大减轻。现在的手机早已不再只是单一的通话工具，而是集MP3播放机、收音机、游戏机、数字照相机和录像机以及收发电子邮件等功能于一身。有线电话机是通过送话器把声音转换成相应的电讯号，用导电线把电讯号传送到远离说话人的地方，然后再通过受话器将这一电讯号还原为原来的声音的一种通信设备。电话机的常用部件有：受话器、送话器、拨号盘、振铃、以及叉簧开关、接插件、连接线等（如图2－66、图2－67）。

图2-63　公元10世纪末的青铜油灯

图2-64　公元19世纪的烛台

图2-65　幻影台灯
Buro Vormkrijgers / 荷兰

图2-66　手机 / 诺基亚 / 芬兰

图2-67　固定电话 / Philips / 荷兰

再以热水器为例，热水器分为电热水器、太阳能热水器、燃气热水器三类，都能实现给水加热的目的，但使用技术的不同带来了形态上巨大的差异。电热水器是用电热管把水加热使用的器具，电热水器分为储水式热水器和过热式电热水器。储水式电热水器型号一般分为40升、50升、60升到200升不等，升数代表储水罐的容积。储水式电热水器由于是容积式的，所以产品的体积比较大(如图2－68)。过热式电热水器采取快速加热的方式，利用大功率电热丝加热，能源洁净而且出热水快速，体积小，安装方便。但一般功率最低都有2.8千瓦，高到8.5千瓦左右，电力消耗大（如图2－69）。太阳能热水器是靠汇聚太阳光的能量把冷水加热的装置。现在市场上的太阳能热水器品牌不少，大小、形状各异，但使用的技术大都为用真空集热管汇聚太阳光，把光能转化为热能给水加热，其形态特点为有较大的储水箱和整齐排列的集热管（如图2－70）。燃气热水器有天然气、液化气和管道煤气之分。目前市场上比较流行的是强排式燃气热水器和平衡强排式燃气热水器。它装置了电机和排风扇，可有效地把废气排出室外，平衡强排式热水器的出水压力更稳定，洗澡时会感觉更舒适（如图2－71）。

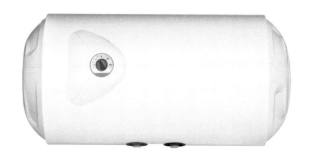

图2-68 储水式热水器 / 展邦 / 中国

图2-69 过热式热水器 / 施坦威 / 德国

图2-70 太阳能热水器 / 龙威 / 中国

图2-71 燃气式热水器 / 米博 / 中国

⑤ 材料工艺与产品形态

A. 材料的分类

在人类造物历史中，人们总是在不断的发现、发明新的材料，并用他们来创造我们周围的一切。材料应用的发展是人类发展的里程碑。人类的文明曾被划分为石器时代、铜器时代、铁器时代等。传统材料从古代的陶器、铁、铜、钢、青铜到现代使用的塑料、尼龙、复合性材料等的使用。新型材料纳米生成到生物原材料的利用、太空材料的研制等，都给人们的生活带来了巨大的变化。在人类文明的进程中，材料的发展经历了纯天然材料阶段、火制人造材料阶段、合成材料阶段、复合化材料阶段、智能化材料阶段。

现在的材料种类繁多，有不同的分类方法，按物理化学属性分为金属材料、无机非金属材料、有机高分子材料和复合材料。按用途分为电子材料、宇航材料、建筑材料、能源材料、生物材料等。实际应用中又常分为结构材料和功能材料。

B. 材料的加工工艺

材料因性能特征的不同与之相适应的加工工艺也存在着很大的差距。例如：金属材料的加工工艺有：铸造，锻造，焊接，热处理及切削加工等。塑料加工时所处的物理状态不同，加工手段也有所不同，当塑料处于玻璃状态时，可采用车、铣、刨、钻等机加工方法；当塑料处于高弹状态时，可采用热冲压、弯曲、真空成型等加工方法；当塑料被加热至黏流状态时，可采用注塑、挤出、吹塑等成型工艺加工。进行产品设计时应正确选择材料、应用材料，并恰当的选择成型加工工艺。

材料的加工工艺会随着科技的发展而体现出新的工艺特征。例如用锯末和塑料微粒加工而成的复合木材，虽然归于木材系列，但是它的加工工艺使用的就是挤出成型工艺，更多地体现出塑料材料的工艺特征（如图2-72）。

C. 材料工艺与产品形态的关系

第一：材料的类型会直接影响到产品的形态特点

对大部分产品来说，相同的产品，选用不同的材料，产品形态的特征会有很大的差异。这是由于材料不同，其物理化学性能也不同，与之相适应的加工工艺也不同，产品的构造与形态都会不同。另外，不同的材料给人的视觉感受也不同。如木材天然的美感和年轮变化产生的纹理的质感。因而一旦材料被应用到某个具体的产品时，就会对这一产品产生直接的视觉影响。以椅子为例，利用胶合板、钢管或硬质发泡塑料都可以制成椅子，但是这些椅子的形态却体现出截然不同的特征（如图2-73至图2-75）。

图2-72　复合木材

图2-73　弯曲胶合板扶手椅 / 杰拉尔德·萨默斯 / 英国

图2-74　瓦西里椅 / Marcel Brever/ 匈牙利 / 1925

图2-75　潘顿叠椅 / Verner Pantor / 丹麦 / 1960

另外，从视觉特征的角度讲，我们可以把不同类型的材料分为线材、面材、块材，用它们制作的产品具有不同的形态特点，并且这些形态给人的心里感受也是各不相同的。

线材具有流畅的空间运动感、通透感、飘逸感（如图2－76）；块材具有厚重感和分量感（如图2－77）；面材具有轻巧、简洁感。这种不同的感觉会直接影响形态的整体印象（如图2－78）。

第二：加工工艺的差异会导致产品形态特征的不同。同一种材料也有着不同的加工方法和成型工艺，而不同的加工工艺也将对产品的形态起到直接的影响。玻璃成型主要有压制、吹制、拉制、压延、凹陷、浇注和烧结法等，玻璃的后期加工工艺有切割、腐蚀、粘合、雕刻、研磨与抛光、喷砂与钻孔以及热加工等。幽灵椅就是用凹陷工艺加上后期的喷水切割加工成型的（如图2-79），意大利IVV玻璃碟是压制成型工艺制作的（如图2-80），TOOLS Design 设计的调味瓶是吹制成型的（如图2-81）。

图2-76　级联扶手椅 / 比约恩达尔斯特伦 / 法国

第二章 设计与实训

图2-77　Mobius Chair 曲木椅 / Frans Schrofer / 荷兰 / 1968

图2-79　幽灵椅 / 希尼·波厄里 / 菲亚姆 / 1987

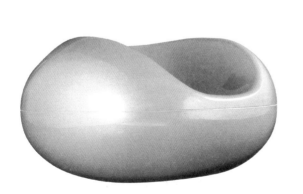

图2-78　Pastil Chair 糖果椅 / 艾洛·阿尼奥 / 芬兰 / 1968

图2-80　玻璃碟 / 意大利IVV玻璃

图2-81　调味瓶 / TOOLS Design / Eva Solo

塑料的加工工艺不同，产品的形态特征也不一样。例如图2-82的净水器，四个瓶子是吹塑成型的，净水器是注塑成型的。

图2-82　净水器 / Ideo, GB / 3M, USA

又如，都是金属椅子，用冲压（如图2-83）、弯曲（如图2-84）、焊接（如图2-85）等不同加工工艺制造的椅子，形态特征有很大区别。

图2-83　Tom Vac 椅 / Ron Arad / 以色列 / 1997

图2-84　麦兰多利纳折椅 / 皮耶特罗·阿罗希奥 / 1992

图2-85　月儿有多高扶手椅 / Shiro Kuramata / 日本 / 1986

第三：新材料新工艺的出现影响产品形态。随着人类对材料组织结构的深入研究、宏观规律与微观机制的紧密结合，进一步深刻地揭示了材料行为的本质，并采用了相应的新工艺、新技术、新设备，从而创造出种类繁多、性能更好的新材料。由于高性能结构材料等新材料的不断创新和广泛应用，促使新产品技术开发方向从"重、厚、长、大"型向"轻、薄、短、小"型转变，即向着体积小、重量轻、省资源、省能源、高附加值、提高工作效率、降低成本和增强市场竞争能力的方向发展。

新材料的出现给产品的形态带来多样性，例如发泡材料的出现，突破了冰箱形态受金属外壳成型工艺的制约，使冰箱的形态有了大的改变（如图2-86）。

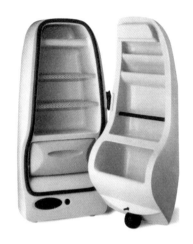

图2-86　OZ冰箱 / Robert Pezzetta / 伊莱克斯

⑥ 人机关系与产品形态

A. 人机关系为产品的形态设计提供参照尺度

一般情况下，产品的形态只有在满足功能的前提下才能自由发展，合理的形态与功能的统一必须是合乎一定规律的，在设计中，这一规律是由人机关系确定的。人机工程学提供了符合大多数人的心理、生理乃至审美要求的数据参数，使设计师们在进行形态设计时能行有所依，在不影响功能发挥的情况下适"度"地演绎外部形态。例如：座椅一般由坐垫、背靠或腰靠、支架等构成，也可以有扶手、头靠、调节装置和脚滑轮等配件。一般而言，座椅高度36～48厘米；坐垫宽度37～42厘米；腰靠高度16.5～21厘米；腰靠水平方向长度32～34厘米；腰靠垂直方向长度20～30厘米。

人一生的成长过程有几个年龄段身体的尺度会产生比较大的变化，设计师在进行产品设计时，可依据人机工学提供的数据，选择不同年龄段的使用者的数据，进行设计。例如，一家美国运动服装生产公司最近展示了一款新型的可伸缩儿童鞋，这种名为"大虫子"的儿童鞋奥妙就在鞋跟处的银色按钮，摁一下鞋底就可以伸长，以适应孩子们迅速发育长大的脚。又如专门为儿童设计的餐具，其把手也是根据儿童手的尺度来设计的（如图2-87）。

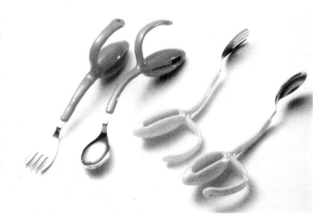

图2-87　儿童餐具 / NIDO及日本青芳制作所

B. 人机关系为产品人机界面的操控布置提供依据

这里的产品人机界面是指人与机器信息交互的界面，产品人机界面的操控布置是指产品各个部分之间位置的合理编排，人机关系为产品人机界面的操控布置提供依据，包括了显示、操控装置设计的各种数据和要求。如对显示的三种类型：模拟式显示（刻度和指针显示）、数字式显示、屏幕式显示的放置位置、字体大小等都有细致的规定。产品的人机界面的合理布局，给使用者的操作带来方便。例如：汽车仪表盘上的仪表通过独立显示的方式来提高信息传递的准确度（如图2－88）。

图2-88　仪表盘 / 银色宝马7系 / 德国

C. 人体的局部特征直接影响产品的形态

人体的具部特征直接影响产品的形态，产品与人体总会有不同程度的接触，为了提高使用的舒适度，很多产品的形态都会以与人体接触部分的特征为形态依据，如根据身体的形态做的自行车座（如图2－89），根据头部形态设计的头盔（如图2－90）等。

图2-89　自行车坐垫 / KUTOOK

图2-90　Twiiner Team自行车赛头盔 / Briko S.r.l..Dormelletto / 意大利 / 1997

⑦ 文化与产品形态

A. 几种常见的文化形式

文化从广义上讲是指人类社会历史实践过程中所创造的物质文明与精神文明的总和；从狭义上说，是指社会的精神财富，特指社会意思形态以及与之相适应的制度和组织机构。

图2-91 东巴文字 / 东巴文化研究所

文化，一直是设计界瞩目的话题。站在设计的角度理解文化，文化就是生活，而设计缘于生活，设计的中心是人，文化的中心也是人。由于设计与文化有着这种不可分割的关系，在这里我们通过分析与产品形态有密切关系的民族文化、地域文化、传统文化、流行文化、企业文化的特点，帮助大家对这几种文化形式有个初步的理解。

第一：民族文化。

民族文化是指一个民族在长期的历史发展中共同创造并赖以生存的一切文明成果的总和。这一成果包括物质方面的、精神方面的和介于两者之间的制度方面的成果。不同的民族有不同于别的民族的文化。例如，生活在中国西南部的纳西族，他们在漫长历史进程中创造了自己独特的"东巴文化"。东巴文化同世界上其他民族的古文化一样，也是一种宗教文化，即东巴教文化。同时也是一种民俗活动，是由东巴世代传承下来的纳西族古文化。"东巴文"是目前世界上唯一存活的象形文字，是人类社会文字起源和发展的"活化石"，东巴文书写的东巴古籍成了全世界的文化遗产（如图2-91）。

第二：地域文化。

文化是人类知识、信仰和行为的整体，有一定的存在领域与一定的发展历程。地域文化不是一个简单的文化地理概念，而是一个有着相似文化特征和生成的文化时空概念，地域文化往往包括某个地域人们的语言习惯、生活习俗、思维模式、消费观念、消费习惯等，也就是说它应该是能够体现一个地方的文化特点。其实，我们老祖宗早就注意到这种现象，在司马迁的《史记》里面有这么一句话，他说一般谚语说，叫百里不同风，千里不同俗。这句话的意思是指各地有各地的风俗习惯。

第三：传统文化。

传统文化这个概念的含义非常宽泛，它不仅包括几千年来各民族在社会实践和发展过程中所形成的观念形态和行为方式，而且为不同社会形态、不同时期社会成员所共有，包括各民族在内的人类认知客观世界、主观世界以及人类自身社会实践的一切文明成果。它的形式包括：语言、文学、音乐、舞蹈、游戏、神话、礼仪、习惯、手工艺、建筑艺术及其他艺术。例如：中国饮食文化有吃豆腐的习惯，设计师利用"福到"这一谐音，设计出这套具有中国传统文化特色的"豆腐"茶具（如图2-92）。

图2-92 "豆腐"茶具 / 李尉郎 / 中国台湾 / 2011

第四：流行文化。

受到20世纪以来西方文化理论发展语境的限定，"流行文化"所指对象，就是在现代社会的世俗化发展中，特别是20世纪以来，新兴的大众化的文化现象和文化活动。与传统的文化类型相比，流行文化具有三个基本特征：第一，流行文化是现代社会生活世俗化的产物，它不仅以商品经济发展为基础，而且直接构成一种商品经济的活动形式；第二，流行文化以现代大众传媒为基本载体，并且在大众传媒的操作体制中流行、扩展；第三，流行文化是一种消费性文化，呈现出娱乐性、时尚化和价值混合趋向。从某种程度上说，流行文化是一种随处可见的消费现象，因为在多数时候，它都体现为某一时期人们一种趋同的消费选择。

在设计界，波普艺术是流行文化的典型代表。波普艺术来源于英文缩写"POP"，即流行艺术、大众艺术。它于20世纪50年代最初萌发于保守的英国艺术界，60年代鼎盛于具有浓烈商业气息的美国，并深深扎根于美国的商业文明。波普艺术家的创作中都有一个共同的特征，他们以流行的商业文化形象和都市生活中的日常之物为题材，以反映当时工业化和商业化特征的新材料、新主题和新形式，表达日常生活中司空见惯的事物和流行文化而获得了大众普遍接受。年轻一代的艺术家试图用新达达主义的手法来取代抽象表现主义的时候，他们发现发达的消费文化为他们提供了非常丰富的视觉资源，广告、商标、影视图像、封面女郎、歌星影星、快餐、卡通漫画等，他们把这些图像直接搬上画面，形成一种独特的艺术风格（如图2－93）。

第五：企业文化。

21世纪是文化管理时代，是文化致富时代。企业文化将是企业的核心竞争力所在，是企业管理的最重要内容，企业文化的结构可分为三个层次，即基础部分、主体部分和外在部分。三个部分密不可分、相互影响、相互作用，共同构成了企业文化的完整体系，其中，基础部分是最根本的，它决定着其他两个部分。

产品风格是企业形象的一个部分，它受企业文化的直接影响，例如宝马集团一贯坚持高档品牌战略，它的品牌各自拥有清晰的品牌形象，在设计美学、动感和动态性能、技术含量和整体品质等方面具有丰富的产品内涵，证明了公司在技术和创新上的领导实力。并在产品形象中始终贯彻统一的视觉识别要素，来传达品牌这种信息（如图2－94）。

图2-93　波普艺术／美国

图2-94　宝马汽车／德国

B. 文化与产品形态的关系

第一：文化背景的差异导致产品类型的不同。

我们知道，基于文化背景的不同，人们的生活习俗都存在着较大的差异，形成不同的特点，例如，东方文化和西方文化就存在较大的差异，这种差异性会导致产品类型的不同。

筷子与刀叉都是餐具，但形态特征完全不同（如图2－95、图2－96），这是缘于东西方饮食文化的差异所产生的两种不同的产品类型，筷子与刀叉不仅表现了东西方饮食文化的差异，同时也蕴涵着东西方人不同的生存方式与特点及渊源。

第二：文化特征直接影响产品形态的风格特点。

消费者审美的价值取向会影响产品的形态风格特征。在这里以中式家具和欧式家具为例，中式家具的色彩以木质本身的色调为主，不擦色，真材实料。表面一般用漆膜、核桃油、家具专用蜡等处理，显得更古朴（如图2－97）。欧式家具风格主要包括意大利风格、法式风格和西班牙风格等，其主要特点是延续了17世纪至19世纪皇室、贵族家具特点，讲究手工精细的裁切、雕刻及镶工，在线条、比例设计上也能充分展现丰富的艺术气息，浪漫华贵，精益求精（如图2－98）。

图2-95　MITRA法冠系列刀叉 / GEORG JENSEN / 丹麦　　　　　　　　　　图2-96　筷子

图2-97　新圈椅 / 顺德职业技术学院黄明豪 / 孙亮指导　　图2-98　欧式牡丹花系列实木椅 / 奥达芬

3）系列化设计的处理手法

产品系列化设计是指设计师运用一定的技术手段，对同一企业同一品牌或同一种类的不同产品进行统一的规范化处理，使之形成一种形象相似的家族化特征，以加强消费者对产品的识别与记忆。

① 产品系列化设计的类型

产品系列化设计是基于对产品设计相关因素的综合考虑而采取的主动的设计处理手法。它直接影响到产品的最终形态特征。产品的系列化设计可分为理念系列、概念系列、功能系列、形态系列、尺寸（模数）系列、色彩系列、材料系列、装饰图案系列。各种系列化类型并非孤立存在的，有时几种类型会同时出现在系列产品上。

A. 理念系列

理念系列是指在企业明确的经营理念的指导下，在产品发展过程中所体现出来的比较稳定的风格特征或独特的价值导向，被称之为理念系列。

对大多数企业来说，系列产品的核心就是企业内部产品设计风格的延续，而真正决定这种产品设计风格的是企业明确的经营理念，它来源与企业文化的定位、产品自身的历史形态的概括及消费者对产品的定位。企业的文化指的是企业的个性：团体的共同信仰、价值观和行为。在产品设计的领域之中我们重要的是如何理解企业的发展过程，不同企业在表现出的气质上也会有不同，对设计师而言，能否把握住这种气质自然也影响着公司的产品成败。在这里以B&O为例（如图2-99、图2-100）。

B&O是丹麦一家生产家用音响及通讯设备的公司，在国际上享有盛誉，B&O品牌是丹麦最有影响、最有价值的品牌之一。今天的B&O产品已成为了"丹麦质量的标志"，在60年代，B&O提出了"B&O：品味和质量先于价格"的产品理念奠定了B&O传播战略的基础和产品战略的基本原则。并于60年代末就制定了七项设计基本原则：

逼真性：真实地还原声音和画面，使人有身临其境之感。
易明性：综合考虑产品功能，操作模式和材料使用三个方面，使设计本身成一种自我表达的语言，从而在产品的设计师和用户之间建立起交流。

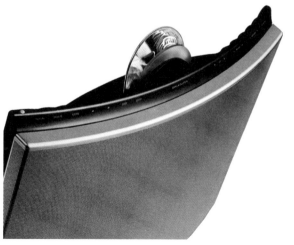

图2-99 "理念"系列产品 / B&O / 丹麦

图2-100 "理念"系列产品 / B&O / 丹麦

可靠性：在产品、销售以及其他活动方面建立起信誉，产品说明书应尽可能详尽、完整。

家庭性：技术是为了造福人类，而不是相反。产品应尽可能与居家环境协调，使人感到亲近。

精练性：电子产品没有天赋形态，设计必须尊重人—机关系，操作应简便。设计是时代的表现，而不是目光短浅的时髦。

个性：B&O的产品是小批量、多样化的，以满足消费者对个性的要求。

创造性：作为一家中型企业，B&O不可能进行电子学领域的基础研究，但可以采用最新的技术，并把它与创新性和革新精神结合起来。

B&O公司的七项原则，使得不同设计师在新产品设计中建立起一致的设计思维方式和统一的评价标准。另外，公司在材料、表面工艺以及色彩、质感处理上都有自己的传统，这就确保了设计在外观上的连续性，形成了质量优异、造型高雅简洁、操作方便的B&O风格，体现出贵族气质及一种对品质、高技术、高情趣的追求。

B. 概念系列

在同一概念前提下所完成的相关产品，被称之为概念系列。

例如飞利浦"新游牧民族"系列产品设计，就是围绕"新游牧民族"这一概念，在科技高速发展，信息全球化的前提下，让产品体现便携式与个性化，使电子产品与衣物进行完美的结合，更方便消费者在移动等动态过程中体验生活的便捷。

一般我们对游牧民族的认知是一群带着牛、羊、马逐水草而居的放牧民族。而现在，交通与科技的进步改变了现代人移动的方式、工作的模式，也因此产生现代的新兴游牧民族。这群人来自四面八方，拥有不同文化背景，却因为经济、政治或休闲等不同因素自愿或非自愿地在全球不同时区间工作、旅行。在网络上，现在流行的新游牧民族是泛指那些带着个人笔记本电脑，逐心情、电源、网络而居的IT使用者。在飞利浦"新游牧民族"系列产品设计研发中，设定的使用对象大多是在移动中需要使用IT产品的人，如运动员、空姐、DJ等。为了在移动中使用IT产品更加方便，飞利浦公司这套"新游牧民族"的智能织物，将各种相关的电子器件镶嵌、封装到纺织物上，甚至真正地植入纺织物里，从而使电脑等电子设备真正像衣服一样。飞利浦公司的这项技术，可以将身份识别芯片、微处理器、传感器和连接器、MP3播放器等产品封装到纺织品中，甚至在洗涤、烘干过程中可以不把它们取出，除了使芯片尺寸更加小外，这种新技术主要体现在芯片的封装上，即用银材料包装好铜线，再用聚酯材料使其与外界绝缘。

飞利浦"新游牧民族"个人电子通讯产品虽然品种多样、形态丰富，因为是在同一概念的前提下，围绕同一个需要解决的问题而展开，最终的形态都体现出共通的特性，形成一种概念上的系列感（如图2－101、图2－102）。

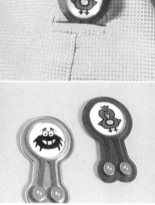

图2-101 "新游牧民族"概念系列产品 / Philips / 荷兰

图2-102 "新游牧民族"概念系列产品 / Philips / 荷兰

C. 功能系列

在特定前提条件下，将功能相关联的产品进行系统性的整合，使它们在操作、放置、工艺、材质以及造型特征等方面体现出整体的优势和特色，被称之为功能系列。

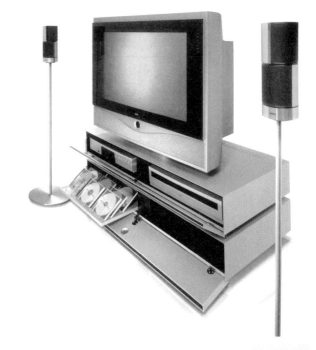

在欧洲的一些系列产品的设计里面有不少功能系列的案例，像德国LOEWE的家庭影院组合的设计就是其中一个。它将电视机、DVD、Hi-Fi音响、中心遥控器和组合电视机柜进行整体的规划和统一的设计，并结合家居环境和家具的材料和工艺特点，将这些关联的产品在形态和色彩方面处理成一个有机的整体。消费者再也用不着为给自己家的电视机搭配合适的组合音响，以及选配恰当的电视柜而费尽心机了，LOEWE为你提供了简单而精彩的整体解决方案（如图2－103）。

功能系列化设计表现在两个层面，其一是将功能关联的产品要素之间进行系列化设计；这在品牌电脑的相关产品如显示器、主机、键盘和鼠标的设计中表现得比较突出，各部分之间存在着明显的共性特征。其二是表现在产品与使用环境的关系处理之中，使产品和家居环境在形态上更具协调性。

图2-103　家庭影院系列产品 / LOEWE / 德国

D. 形态系列

以相同的一个和多个存在着紧密关系的形态要素来进行产品之间的关联处理，所形成的系列关系，被称之为形态系列。

例如，由ALSSI公司出品的一组名叫"金刚"的系列设计，其创意主要是围绕抽象的男孩和女孩图案的多种形式的运用而展开的形态系列设计。人形图案在不同对象上的运用，就变成了系列设计中的一个整合要素，将不同的对象有机地联系在一起。在普通的日常用品和精巧的礼品上通过这一图形的多种工艺形式和手段的精彩演绎，从而提升产品的整体形象（如图2－104）。

重复使用某个形态，进行平面或立体多种形式的演绎，以强化、加深此形态在人们心中的印象，是形态系列化设计惯用的手法。形态系列化设计多用于日用品、玩具等功能简单、科技含量不高的产品之中。

图2-104 "金刚"系列产品 / ALSSI / 意大利

E. 尺寸（模数）系列

通过一定的尺寸比例和形态关系的处理，达到产品之间在尺度方面的共享与通用或方便产品不同形式的组合排列所形成的系列关系，被称为尺寸（模数）系列。

尺寸（模数）系列设计实现的关键是要使形态的尺度符合某种数列关系、使形态具有多种组合的可能性。比如在办公家具的设计中，桌面的尺寸一般都是600×1200mm、700×1400mm、800×1600mm基本尺寸，它们中间都存在一个1：2的模数关系，为丰富的组合提供了可能。又如由中国房地产及住宅研究会住宅设施委员会主编的建设部行业标准《住宅厨房家具及厨房设备模数系列》规范了各种厨房家具、柜体、厨具、五金制品的模数尺寸，使住宅整体厨房与厨房建筑空间尺寸相互协调，以达到厨房内部建筑空间、各种设备与柜体尺寸的协调，有利于促进厨房家具和厨房设备的配套性、通用性、互换性和扩展性，从而实现制造业和建筑业的有机衔接。

F. 色彩系列

通过不同颜色的选用，使同一产品具备多种视觉形象，这种通过对产品的表面色彩进行差异化处理，所形成的系列关系，或在关联产品中，通过相同色彩的运用所形成的系列关系，称之为色彩系列。色彩系列关系的案例很多，在家具、灯具、生活用品和个人电子产品上都有广泛的运用（如图2－105）。

G. 材质系列

通过相同材质的选用，在功能相关联的产品之间所形成的系列关系，称之为材质系列。如美国女设计大师Eva Zeisel的陶瓷器皿（如图2－106），Tonfisk的温暖系列（如图2－107）。

H. 装饰图案系列

通过相同图案要素的运用，在关联产品之间所形成的系列关系，被称之为图案系列。图案系列在餐具中最为常见（如图2－108）。

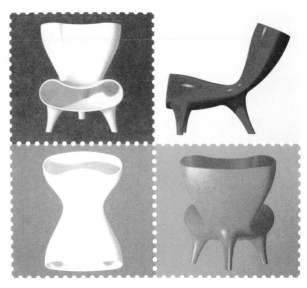

图2–105　Orgone Chair系列产品 / 马克·纽森
澳大利亚/1993

图2–106　陶瓷器皿系列产品 / Eva Zeisel / 美国

图2–107　温暖茶具、咖啡具系列产品 / Tonfisk
芬兰 / 1998

图2–108　葡萄酒酒具 / Josef Hoffmann
奥地利 / 1910

② 产品系列化设计的步骤
系列化在生活用品中得到广泛的应用，系列化的设计是设计师在工作中经常遇到的内容之一。系列化设计的步骤如下。

第一，要区别系列化的类型；
第二，确定系列化的基本特征要素；
第三，将特征要素转换成形态设计的语言要素；
第四，在产品形态处理上恰当运用形态语言要素体现系列化特征。

这里以东巴文字系列蜡烛台的设计为例进行说明。

东巴文字系列蜡烛台的设计方案是丽江旅游纪念品开发设计的内容之一。丽江因为独特的东巴文化和少数民族风情闻名于世，其中东巴文字是当今世界唯一活着的象形文字，古朴亲切、形象生动，有着独特的唯一性和很强的纪念性。以东巴文字为要素进行的系列化设计，属于概念系列，只要是形象恰当的东巴文字都可以成为创意的要素。

作者选择了东巴文字中的"担、烤火、举"三个文字为要素。

这些象形文字的图形化特征，为产品的形态设计提供了良好的基础。作者只进行一些简单的处理就完成了烛台的形态设计工作。

然后，作者通过形态要素的统一和相同材质的处理来强化产品形态的系列化（如图2-109）。

（担）　（烤火）　（举）

图2-109　东巴文字系列蜡烛台 / 鼎登 / 杨淳指导

4. 实战程序

本章节的任务实施环节结合生活用品类的"家用抽湿机"项目，总共78学时，分9个任务步骤，就各任务中的代表性教学内容进行对应示范（本案例采用广东轻工职业技术学院产品设计专业07级学生张晓虹同学的作品）。

1）任务一　用户及市场调研（12学时）

实训目的：

（1）培养学生进行用户及市场调查的能力；

（2）培养学生资料收集、整理、分析的能力；

（3）了解用户的心理、生理特点及使用习惯；

（4）了解现有产品的优缺点；

（5）了解生活用品的形态风格；

（6）了解生活用品的市场现状。

实训内容：

（1）针对所选用户的心理、生理特点及使用某类生活用品的习惯进行调查；

（2）对某类生活用品及相关产品进行市场调查；

（3）分析、整理所收集资料。

工作步骤：

（1）按4人一组的方式进行工作分配；

（2）对所选用户进行问卷、访问，了解用户需求，尽量观察其使用产品的过程，发现问题；

（3）对所选的某类生活用品进行市场调研，通过访问、观察、拍照、手绘及笔记等方式了解产品的使用方式、形态、材料工艺、价格及销售情况；

（4）通过图书馆和相关网站查阅资料，了解国内外优秀品牌产品的情况。

课后作业：

对收集的资料，分类进行整理分析，制作PPT。

任务实施示范：如图2-110、图2-111。

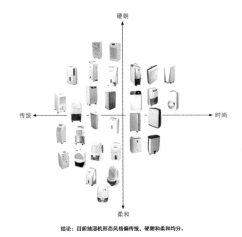

图2-110　现有家用抽湿机形态风格比较图

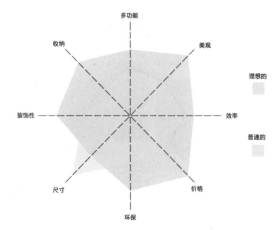

图2-111　理想家用抽湿机与普通家用抽湿机各项指标对比评价图

第二章　设计与实训

2）任务二　概念提炼（8学时）

实训目的：

（1）培养学生发现问题、分析问题以及明确设计目标形成产品概念的能力；

（2）综合掌握创造性思维的方法和概念提炼的方法；

（3）培养学生的创新思维和团队协作能力。

实训内容：

（1）头脑风暴方法操作演练；

（2）卡片默写操作演练；

（3）提炼设计概念。

工作步骤：

（1）讨论某生活用品使用过程的相关问题；

（2）各人写出10个以上的解决方案；

（3）小组成员发表个人方案，小组讨论；

（4）分类对解决方案进行归纳，组长进行发布；

（5）老师总结；

（6）课后针对自己选题进行提炼。

课后作业：

小组用所学方法提炼产品概念，制作下一阶段发布的PPT。

任务实施示范：如图2-112。

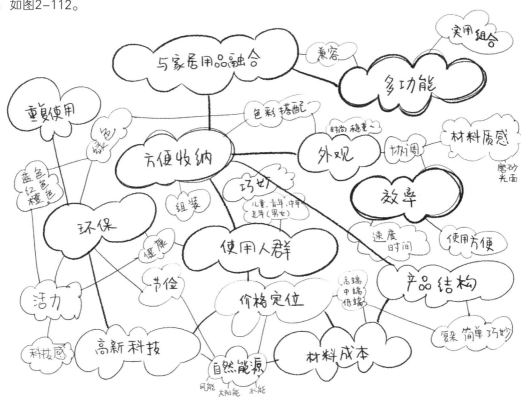

图2-112　家用抽湿机概念发想心智图

3）任务三　功能与结构分析（4学时）

实训目的：

（1）培养学生功能与结构的理解及设计能力；

（2）培养学生发现、分析问题的能力。

实训内容：

（1）现有产品的功能与结构分析；

（2）对设计的产品进行功能设定。

工作步骤：

（1）对某生活用品的功能与结构进行调查；

（2）分析其功能、原理及结构方式。

课后作业：

分析产品的功能与结构，细化设计概念，以PPT方式提交

任务实施示范：如图2-113至图2-116。

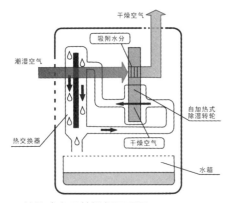

图2-113　转轮式家用抽湿机原理图

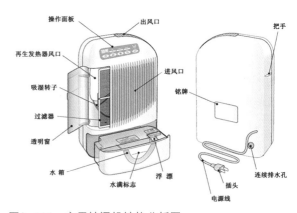

图2-114　家用抽湿机结构分析图

图2-115　家用抽湿机功能分析图

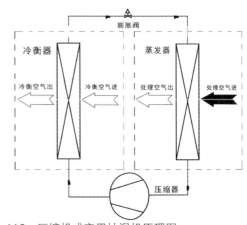

图2-116　压缩机式家用抽湿机原理图

4）任务四 草图发想（16学时）

实训目的：

（1）培养学生的设计创新能力；

（2）培养学生以图形语言进行叙述的能力；

（3）训练与提高学生的手绘能力。

实训内容：

（1）用故事版方式描述所发现的问题；

（2）对发现的问题提出解决的方案，以草图方式进行表达；

（3）进行结构的推敲；

（4）进行形态分析及推敲。

工作步骤：

（1）针对所发现的问题画故事版草图5张；

（2）对发现的问题提出解决的方案，进行初步草图发想40个；

（3）在辅导过程中，由老师挑选一个或二个有潜力的方案进行细化；

（4）对被选定的方案进行深入初步草图推敲，不少于10个细化方案。

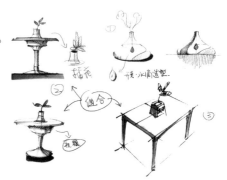

课后作业：

故事版草图5张；

初步草图发想40个；

深入草图推敲10个。

任务实施示范：如图2-117、图2-118。

图2-117 家用抽湿机设计方案初步草图

图2-118 家用抽湿机设计方案深入草图

5）任务五　人机与工程推敲（4学时）

实训目的：

（1）培养学生对人机关系的理解和人机工学知识的运用能力；

（2）培养学生对材料工艺的理解及运用能力；

（3）培养学生对设计方案的原理及内部结构的理解与分析能力。

实训内容：

（1）对选出的设计方案进行人机尺度推敲，以三视图方式进行表达；

（2）对所选方案进行内部结构的分解与推敲；

（3）对方案实施所需要用到的材料及工艺进行预期效果的比较分析。

工作步骤：

（1）绘制选出设计方案的三视图；

（2）分析内部结构及技术原理。

课后作业：

三视图一张，内部结构分析图一张。

任务实施示范：如图2-119至图2-122。

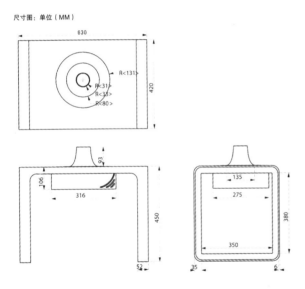

图2-119　家用抽湿机设计方案三视图

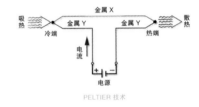

图2-120　家用抽湿机设计方案技术原理图

图2-121　家用抽湿机设计方案爆炸图

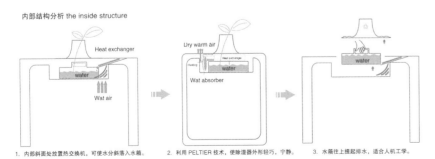

图2-122　家用抽湿机设计方案内部结构分析图

6）任务六　建模渲染（10学时）

实训目的：

（1）培养学生对立体形态的综合把控能力；

（2）培养学生对产品进行细节推敲、表面处理及色彩搭配的能力；

（3）培养学生三维建模渲染及效果图后期处理的计算机运用能力。

实训内容：

（1）运用三维软件进行建模渲染；

（2）对产品进行细节推敲、表面处理及色彩搭配的比较练习。

工作步骤：

（1）对选定的方案进行建模；

（2）在老师的辅导下修改并进行渲染；

（3）对产品进行细节推敲、表面处理及色彩搭配的比较分析。

课后作业：

提交不同角度的效果图、细节图、使用状态图多张。

任务实施示范：如图2-123。

图2-123　家用抽湿机设计方案效果图及细节图

7）任务七　模型制作（12学时）

实训目的：

（1）培养学生模型制作的能力；

（2）培养学生利用模型进行设计推敲与完善设计方案的能力。

实训内容：

（1）制作产品的模型；

（2）再次对产品形态、结构进行评估及推敲。

工作步骤：

（1）依据效果图与工程图分解模型结构件；

（2）按照选定的模型制作比例制作结构件；

（3）各模型结构单元的制作及表面处理；

（4）模型的组装与效果评估；

（5）后期效果处理。

课后作业：

制作产品模型一件。

任务实施示范：如图2-124。

图2-124　家用抽湿机设计方案模型图

8）任务八　制作设计报告书（8学时）

实训目的：

（1）培养学生通过报告书系统表达设计方案的能力；

（2）培养学生的平面排版能力；

（3）培养学生的专业执行能力和表现能力以及小组协作能力。

实训内容：

（1）介绍设计方案的背景、形成、结果、亮点，以报告书的方式呈现；

（2）进行报告书的版面推敲。

工作步骤：

（1）理清楚自己的整个设计思路，安排好报告书的目录与结构关系；

（2）设计报告书的版式，完成报告书的封面及封底的设计；

（3）依据设计好的版式对各种资料进行排版；

（4）进行打印、装订。

课后作业：

制作设计报告书一本，规格A4。

任务实施示范：如图2-125。

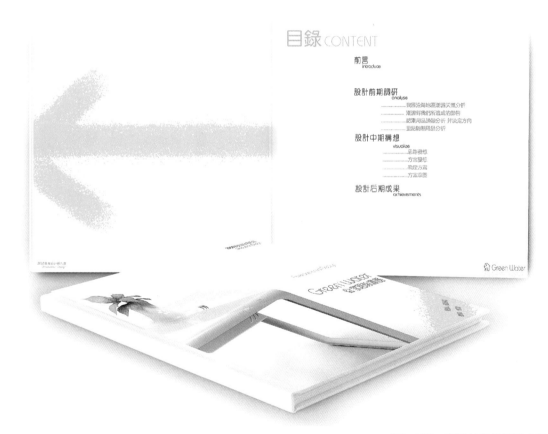

图2-125　家用抽湿机设计方案报告书

9）任务九　制作展示版面（4学时）

实训目的：

（1）培养学生通过展示版面推销设计方案能力；

（2）培养学生的平面排版能力；

（3）培养学生的专业执行能力和综合表达能力以及小组协作能力。

实训内容：

（1）介绍设计方案的背景、成果、亮点，以展示版面的方式呈现；

（2）进行展示版面的版面推敲。

工作步骤：

（1）整理版面的设计思路，提炼设计要点和展示要素；

（2）结合设计创意进行展板的版式效果设计；

（3）版面内容的排版与完善；

（4）展板打印及装裱。

课后作业：

制作展示版面一张，规格1米×2米。

任务实施示范：如图2-126。

图2-126　家用抽湿机设计方案版面

第二节　项目范例二——儿童用品设计（选一）

产品设计是为人服务的，其核心内容是以人为中心，来研究人的需求、人的行为、人的特征，以求解决存在于生活或产品中的问题，更好地满足人类的需要，提升人类的生活品质。本节选择儿童用品为项目实训案例，是基于儿童用品有着鲜明的使用对象特征。儿童在人体尺度、行为特性、认知习惯的生理以及心理上都有着不同于成年人的地方，认识、理解并针对性进行产品设计是本节的重点。

1. 项目要求

▶▶ 项目介绍

开发产品的目的是满足特定消费对象的需求，了解目标消费群体的需求与设计的关系，从目标群体的特定需求出发展开产品设计工作是本项目的设计目标。通过本项目的训练，使学生掌握儿童用品的设计要点和方法，遵循从"概念提炼 — 创意展开 — 产品形成—成果发布"的完整程序，设计出满足儿童需求、解决实际问题、创新性高的儿童用品。

项目名称：儿童用品设计。

项目内容：儿童用品的创新设计。

项目时间：96课时。

训练目的：A. 通过训练，掌握儿童用品设计的基本知识点；
　　　　　B. 学习儿童用品设计的方法与程序；
　　　　　C. 培养团队协调、口头表达、设计表现等能力。

教学方式：A. 理论教学采取多媒体集中授课方式；
　　　　　B. 实践教学采取分组研讨方式；
　　　　　C. 利用《产品设计》网络课程平台，开辟了网上虚拟课堂；
　　　　　D. 结合企业现场教学及名师讲座。

教学要求：A. 多采用实例教学，选材尽量新颖；
　　　　　B. 教学手段多样，尽量因材施教；
　　　　　C. 设计的儿童用品要符合用户及市场需求；
　　　　　D. 作业要求：用户及市场调研报告PPT一份；设计草图50张；产品效果图、使用状态图多张；
　　　　　　 版面两张；工程图纸一份；报告书一本；模型一个。

作业评价：A. 创新性　概念提炼，创新度。
　　　　　B. 表现性　方案的草图表现，效果表现，模型表现及版面表现。
　　　　　C. 完整性　问题的解决程度，执行及表达的完善度，实现的可行性。

2．设计案例

1）企业作品案例

作品名称：Lunar Baby Thermometer（2008红点设计大奖）

设计者：DUCK-YOUNG KONG

设计解码：该儿童温度计改变了以往口探、腋下探等探热方式，采用更加人性化的使用方式，只需将手放在孩子的额头，就像妈妈抚摸小孩一样，检查孩子是否生病成了一件轻松自然的事。通过LED屏幕输出温度读数和闪烁的LED信号提醒温度扫描完成（如图2-127）。

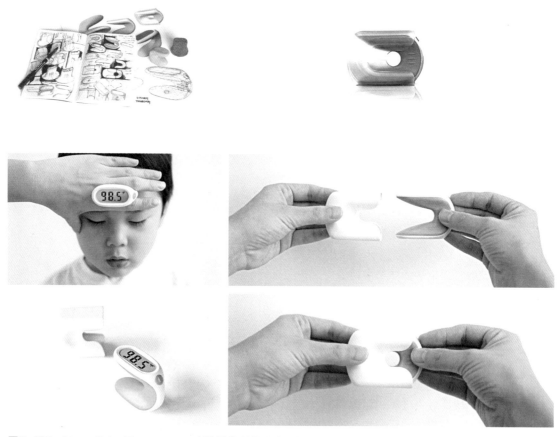

图2-127　Lunar Baby Thermometer / DUCK-YOUNG KONG

作品名称：MAM Perfect婴儿奶嘴（2011年红点奖产品设计奖）

生产企业：MAM Babyartikel GmbH, Austria

设计者：MAM Babyartikel GmbH, Austria

设计解码：MAM Perfect婴儿奶嘴经过正畸医生和儿科牙医的鉴定。这些专家一致认为，较薄，较软的奶嘴头，对宝宝的颌骨和牙齿少施加压力，这降低了咬合不良的风险。根据这一科研成果，新开发的奶乳头比同类奶嘴薄了约60%，柔软度增加近三倍。此外，奶嘴的把手做成"盾"的形状，更适合宝宝的脸型。大的空气孔保证最大的舒适度，尽量减少与皮肤接触，提供最佳的通风（如图2-128）。

图2-128　MAM Perfect婴儿奶嘴 / MAM Babyartikel GmbH / Austria

2）学生作品案例

作品名称：BABY Q儿童乘骑玩具（2011iF概念设计奖）

国家及大学：中国 台湾科技大学，台湾长庚大学

设计者：Pin-Chia Su，Lu-An Chen

设计解码：BabyQ是一个有趣的儿童乘骑玩具。它不同于传统的三轮车，可以从三轮改变成两轮车。三轮的BabyQ童车可提供给年幼的孩子良好的稳定性，随着孩子的成长，它可以转换成两个轮子的童车，帮助他们获得平衡感。BabyQ使用天然材料的木材和羊毛。它的形状和舒适的材料，使孩子觉得这个玩具更像一个宠物（如图2-129）。

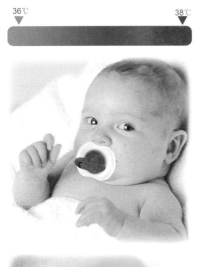

图2-129　BABY Q儿童乘骑玩具 / 台湾科技大学Pin-Chia Su
台湾长庚大学 / Lu-An Chen

作品名称：奶嘴体温计（2011IF概念设计奖）

国家及大学：中国 江南大学

设计者：盛辉佳，刘珍，陈剑等

设计解读：该奶嘴体温计通过改变颜色让父母知道他们的孩子的体温的变化，是一个人性化的设计（如图2-130）。

图2-130　奶嘴体温计 / 江南大学 / 盛辉佳　刘珍　陈剑

作品名称：学习好帮手儿童电脑

国家及大学：中国 广东轻工职业技术学院

设计者：林咏冰　麦杰超

设计解码：

A．多模式键盘—儿童可以在普通状态、钢琴模式、拼音模式、绘画模式中进行自由切换。

B．巧妙的结构—产品滑盖的方式，儿童可以在平板与手提两种不同的使用状态下自由选择。

C．可爱的造型—可爱的造型与产品的超时使用提醒功能，可以让儿童在未使用时就对产品产生好感和保障
儿童的健康（如图2-131）。

图2-131　学习好帮手儿童电脑 / 广东轻工职业技术学院 / 林咏冰 麦杰超 / 杨淳指导

3．知识点

1）儿童用品设计的基本要点

① 安全性

安全是人的身心免受外界不利因素影响的存在状态以及保障条件。儿童用品所引发的安全事故，其产生的原因主要包含两个层面的因素：一是产品本身的因素；二是使用者的行为因素。儿童用品本身的安全性问题主要表现在化学的和物理的两个方面。化学方面的安全隐患指重金属、卤族元素等有害元素的存在。目前，重金属含量问题涉及许多表面有彩色图案的产品，如玩具、文具等。物理安全主要指形态、结构方面的安全。例如：锋利的边缘、小的部件、细的缝隙等。

儿童的行为特征增添了儿童用品的安全隐患，儿童无论是生理还是心理方面都不够成熟，其行为有着诸多不同于成年人的地方，幼稚、莽撞是其基本的特征。这增添了儿童用品使用过程中的安全隐患。

设计儿童用品时要把安全性放在首位，研究儿童的行为习惯，依据国家安全法规，从细节出发解决物理方面存在的问题，提高儿童用品的安全性。例如，由于学龄前后的儿童只需做简单的测量和绘图，设计师针对这一特点，将三角板以负形的方式结合到量角器中，并将量角器两边做成圆角，就从根本上解决了尖角伤人的问题(如图2–132)。

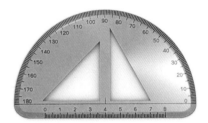

图2–132　度量器系列 / 广东轻工职业技术学院课程作业 / 杨淳指导

② 卡通性

受儿童生理和心理特点的影响，学龄前后的儿童的思维比较直观和具象，缺乏逻辑思维和理性分析，活泼可爱、生动有趣的卡通形象较为容易吸引他们的注意。卡通形态能够促进儿童的形象思维、创造性思维能力。设计师可将所要塑造的原型进行卡通处理，创造出儿童一见钟情的形态。

科学调查表明学龄初期的儿童更多偏爱红、黄、绿色等明快、鲜艳的卡通色彩。所以，我们在进行儿童用品的色彩设计时不但要遵循一些基本的配色原则，还要结合儿童的色彩心理和年龄特点为产品的形态赋予合适的色彩，以增强其卡通特色。

③ 趣味性

考虑到儿童好动且注意力易涣散的特点，儿童用品设计必须具有趣味性。趣味一词，从本意上来讲，是使人愉快、有吸引力、感到有趣的特性，儿童用品的趣味性主要来源于使用过程中获得的体验。在儿童用品的使用过程中可通过游戏，通过与产品的沟通、互动以及主动参与获得趣味性。

2）儿童用品设计常用的处理手法

① 仿生设计

A. 产品仿生设计的类型

进入21世纪，仿生学已成为现代科学技术的前沿和热点领域，受自然和生物启发模仿自然和生物的各种特性而进行的仿生设计也已成为一种设计潮流。仿生设计从广泛的角度理解，分支众多，包括电子仿生设计、机械仿生设计、建筑仿生设计、化学仿生设计、人体仿生设计、分子仿生设计、宇宙仿生设计等。在这里所阐述的主要是与产品设计相关的仿生设计类型，它们分别是：形态仿生（具象仿生、抽象仿生）、功能仿生、结构仿生、色彩仿生。

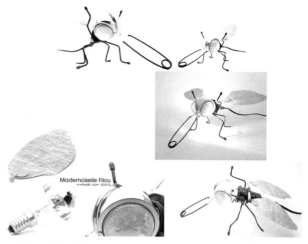

图2-133　Mademoiselle Filou / MYDOOB / 韩国 / 2002

第一：具象仿生。

具象仿生是一种对模仿对象外在特征的直接模仿与借鉴，以追求设计作品与模仿对象之间外形特征的形式相似性为主要目标的设计手法。具象一般是指人物、动物、植物等客观存在的形态，是根据视觉经验可以识别、辨别的形体，因此，具象仿生强调的是一目了然式的识别性与认同感，使产品的形态具有情趣，活泼可爱。这种方式多运用在玩具、工艺品、简单的日常生活用品的设计中。如韩国模仿苍蝇形态设计的灯具，通过有肌理的翅膀、大大的眼睛、细细的腿将苍蝇的形态模仿得栩栩如生（如图2-133）。

第二：抽象仿生。

抽象仿生，它是一种对模仿对象的内在神韵或外在形象特征进行提炼、概括的基础上的模仿与借鉴，强调的是神似，甚至是在似与不似之间的微妙把握。抽象仿生的形态具有如下两个特点：

● 抽象仿生的形态具有高度的概括性。

在研究形态时，设计者从知觉和心理角度将形象特征进行提炼、概括，再通过形态抽象变化，用点、线、面的组合来再现模仿对象。因此，在形态上表现出概括性。这种对形态进行的简洁和概括，正好吻合现代工业产品的要求，因此，它大量的应用于现代产品设计中。例如，通过抽象仿生手法设计的开瓶器，在形态上对猫进行模仿，抓住猫头部的典型特征进行演绎，巧妙地将猫嘴与开瓶器的起瓶口结合，形态上进行了高度的提炼和概括（如图2-134）；又如模仿母亲温暖怀抱的妈妈椅（如图2-135）。

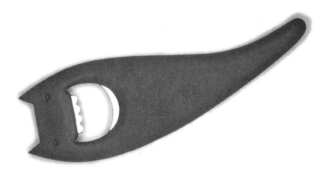

图2-134　起瓶器 / ALESSI / 意大利

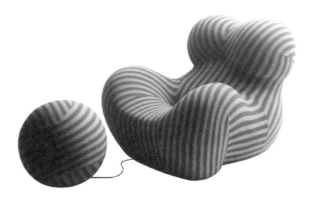

图2-135　Sessel UP5 / Gaetano Pesce / 意大利

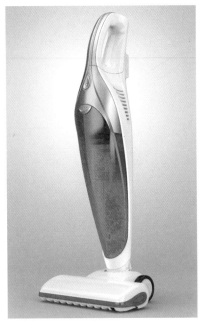

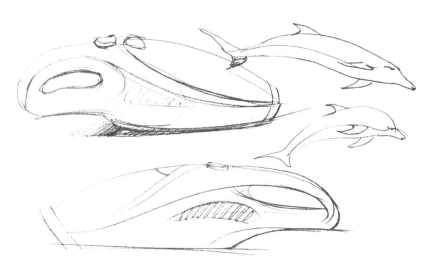

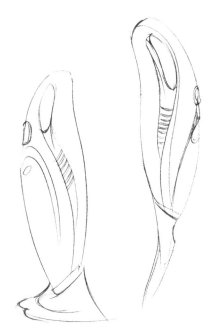

如图2-136吸尘器的设计灵感来源于"自由跳跃的海豚"。以简洁流畅的仿生造型表现出吸尘器的流线动感，给人以亲切可爱的形象特征。上下壳分模线是运用海豚腹背线条自然结合设计，根据客户不同需求搭配多种色彩效果，以配合各种风格家居环境，这是抽象仿生设计在家居用品中的运用。该作品获得红棉奖-2009年度中国创新设计大奖。

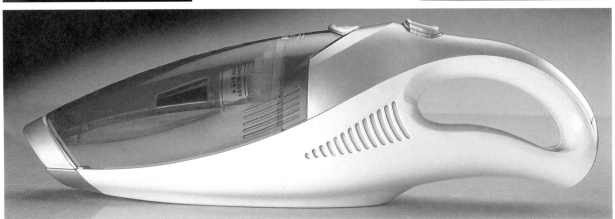

图2-136 海豚吸尘器／广州维博产品设计有限公司黎坚满／中国

BOREARIS柱状地灯模仿樱粟花的形态，其过程如图2-137所示，通过对罂粟花外形特征进行概括得出产品的基本形态，结合灯具的结构和玻璃材质的工艺特点，在此基础上进行实体模型的推敲，对质感、色彩等细节进行优化与再创造，最终完成了对罂粟花的高度抽象化模仿。

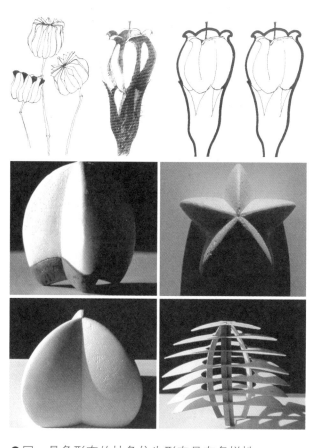

● 同一具象形态的抽象仿生形态具有多样性。
设计者在对同一具象形态进行抽象化的过程中，由于生活经验、抽象方式方法以及表现手法不同，因此抽象化所得到的形态有较大的差异，呈现出丰富多样性的特征。例如：同样是以"青蛙"为原型的抽象形态仿生设计，在青蛙绕线器（如图2-138）、鼠标（如图2-139）和办公椅（如图2-140）的设计中，表现出完全不同的最终形态。

图2-137　BOREARIS柱状地灯 / 凯旋门广场 / 法国

图2-138　青蛙绕线器 / Mydoob / 韩国

图2-139　青蛙鼠标
Mydoob / 韩国

图2-140　大青蛙3.0转椅
多米尼 / 中国

第三：功能仿生。

功能仿生主要是研究生物体和自然界物质存在的功能原理，深入分析生物原形的功能与构造、功能与形态的关系，综合表现在产品形态设计中的方法。例如人类仿昆虫单复眼的构造特点，制造出大屏幕模块化彩电和复眼照相机；仿狗鼻子嗅觉功能，制造出电子鼻，可以检测出极其微量的有毒气体；模仿蝙蝠的一种天然雷达，能够避免碰撞的原理，用电磁波代替声波，制造出雷达系统（如图2-141）。

第四：结构仿生。

结构仿生主要是研究生物体和自然界物质存在的内部结构原理在设计中的应用问题，通过研究生物整体或部分的构造组织方式，发现其与产品的潜在相似性进而对其模仿，以创造新的形态或解决新的问题。研究最多的是植物的茎、叶以及动物形体、肌肉、骨骼的结构。因为是在结构原理上的仿生，其仿生借鉴的主要是对象的内在特征，对产品外在形态特征的影响有时非常明显，有时又不是很明显。例如，铲土机的机械臂的工作原理就是模仿螳螂的前臂的结构，实现可以自由伸缩的功能，产品的形态上也留下了直接仿生痕迹（如图2-142）。

第五：色彩仿生。

色彩仿生是指通过研究自然界生物系统的优异色彩功能和形式，并将其运用到产品形态设计中。

色彩的掩护作用是一种光学上的掩饰，一种迟缓获取视觉信息的欺骗性伪装。自然界中有很多动物能随环境的变化迅速改变体色来保护自己的安全，色彩的这种保护、伪装作用首先被人类借鉴于国防工业，陆军的"迷彩坦克"（如图2-143）就是很好的例子，绿色或黄褐色斑点与野战中周围的环境色近似，起到掩护主体对象不易被敌方发现，提高安全性的目的。

B. 产品仿生设计的步骤

第一，选定模仿的对象，对其形态特征进行比较分析，明确造型的基本要素；

第二，对形态要素进行适度的提炼，运用变形、夸张的手法完成产品的雏形设计；

第三，结合产品功能及制造技术的要求，在产品雏形的基础上再进行反复推敲，直至完成最终的产品形态设计。

图2-141 雷达系统 / 天基

图2-142 铲土机 / JCM / 中国

图2-143 T-84主战坦克 / 俄罗斯

例如："小鹿物语"儿童电动牙刷通过3分钟的定时提醒功能让孩子能保证一定的牙齿清洁时间，防止蛀牙；整体收纳方式，让小孩养成良好的收纳习惯。在形态设计上，选择长颈鹿吃树叶的状态作为设计的母体，结合产品功能将牙刷的把手做成长颈鹿的抽象形态，杯子和底部的支撑架做成树的抽象形态，加上斑点的细节处理，强化长颈鹿的特征，整体造型生动可爱，充满趣味性和亲和力（如图2－144）。

图2-144 "小鹿物语"儿童电动牙刷 / 广东轻工职业技术学院 庄彪 / 杨淳指导

② 形态修辞的运用

常用的形态修辞手法有夸张、拟人、对比、排比、比喻、幽默等，这些设计修辞的运用，丰富了产品的造型语言，赋予产品语义新的内涵。

夸张。夸张是运用丰富的想象力，在客观现实的基础上有目的地放大或缩小事物的形象特征，以增强表达效果的修辞手法。产品设计过程中，对产品的某种特征进行超越性表达，将产品的某一方面特征着重夸大或缩小，甚至成为表现产品形象的主要形式，由此产品形象和产品概念之间因强烈对比或与某一事物特征相联系而产生极大的心理感受，利用这种心理机制的表现手法称为产品夸张表现。如图2-145的椅子将兔子典型的局部特征两只大耳朵和白色的门牙夸张放大，融进整体的造型当中，起到很好的装饰作用。

拟人。拟人是一种把事物人格化的修辞手法。在设计中，把需要设计的对象的要素以人的特征来诠释，从而将设计对象的功能、造型、象征等的特性传达出来，这种手法即为拟人设计。在儿童用品动物仿生设计中，运用拟人的手法主要是将所要仿生的对象当成是一个有情感、有生命、有思维、并能够与使用者进行交流的"人"来设计。最常用的是动作拟人、表情拟人和服饰拟人。例如图2-146这对兔子收纳盒，形态处理采用拟人的修辞手法，让兔子如人般站立，穿上衣服，男士用绿色，女士用红色，并加上长长睫毛的大眼睛，赋予了女性的特征。头部可以打开，是个盖子，孩子们可以把自己喜欢的小东西珍藏在盒子里，还可以进行角色扮演。

图2-145　椅子／广东轻工职业技术学院
刘航／杨淳指导

图2-146　兔子收纳盒／广东轻工职业技术学院 苏乙飞／杨淳指导

对比。对比是故意把两个相反、相对的事物或同一事物相反、相对的两个方面放在一起，用比较的方法加以描述或说明的修辞手法。对比是差异性的强调，在动物仿生形态设计中采用对比修辞，主要是把相对的两要素进行比较，使其产生大小、虚实、动静等对比关系，把握好对比和调和的形式美法则，可使形态更加活泼，个性鲜明，避免平淡。如图2-147的兔子闹钟，两只兔子耳朵像钟摆一样随着时间的走动左右摇摆，产生动静的对比关系，使产品形态更显活泼，符合儿童的喜好。如图2-148的儿童收纳文具套装，由一把剪刀和一个收纳盒构成，兔子耳朵形成的虚形既对产品的实形起到衬托作用，同时也是剪刀的持握部分，虚实的巧妙结合既使形态活泼不呆板，又完成了产品的使用功能。

4．实战程序

参照生活用品项目的实战程序部分结合自选项目变通实施。

图2-147　兔子闹钟
广东轻工职业技术学院 庄彪 / 杨淳指导

图2-148　文具套装　广东轻工职业技术学院 庄彪 / 杨淳指导

第三节　项目范例三——IT产品设计（选一）

人类技术进步经历了石器、青铜器、铁器、蒸汽机、电气、电子等不同的时代，每次进步都给人类生活带来巨大的冲击和飞速的发展，各个时代的产品设计有着不一样的特征、工作内容甚至是工作方法都相去甚远。当今社会在互联网背景下IT产品盛行天下，并左右着我们每一个人的生活，在IT产品的设计中，不仅引出了"交互设计"的概念，而且还要面对"非物质设计"这一事实，产品的功能（或服务）可以不经常规的制造而产生。本节选择IT产品为项目实训案例，希望引导学生对IT技术的重视和对未来的关注。

1. 项目要求

▶ 项目介绍

信息时代的来临给生活带来了巨大的变化，也给设计带来机会和新的思考方式，因此，研究人机交互设计有着重要意义。通过本项目的训练，使学生掌握IT产品的设计要点和方法，遵循从"概念提炼—创意展开—产品形成—成果发布"的完整程序，设计出满足用户需求、符合IT产品特征、创新性高的IT产品。

项目名称：IT产品设计。

项目内容：IT产品的创新设计。

项目时间：96课时。

训练目的：A. 通过训练，掌握IT产品设计的基本知识点；
　　　　　B. 学习IT产品设计的方法与程序；
　　　　　C. 培养团队协调、口头表达、设计表现等能力。

教学方式：A. 理论教学采取多媒体集中授课方式；
　　　　　B. 实践教学采取分组研讨方式；
　　　　　C. 利用《产品设计》网络课程平台，开辟了网上虚拟课堂；
　　　　　D. 结合企业现场教学及名师讲座。

教学要求：A. 多采用实例教学，选材尽量新颖；
　　　　　B. 教学手段多样，尽量因材施教；
　　　　　C. 设计的IT产品要符合市场及用户需求；
　　　　　D. 作业要求：市场调研报告PPT一份；设计草图50张；产品效果图、使用状态图多张；
　　　　　版面两张；工程图纸一份；报告书一本；模型一个。

作业评价：A. 创新性　概念提炼，创新度；
　　　　　B. 表现性　方案的草图表现，效果表现，模型表现及版面表现；
　　　　　C. 完整性　问题的解决程度，执行及表达的完善度，实现的可行性。

2. 设计案例

作品名称：Nike+Fuel Band

设计单位：NikeInc., USA

设计者：Nike Digital Sport, USA

设计解码：Nike+Fuel Band附带了一个点阵型的LED显示屏，可测量四种数据：时间、卡路里、步数和NikeFuel。NikeFuel有别于一般的根据性别和体型不同而发生差异的卡路里计算方式，它提供了一种标准化的计量单位，不论你高低瘦胖，相同的运动都能获得相同的分数。这样可以使得运动主体随时随地获得NikeFuel能量计数值，增强运动积极性。其上方还附带了20个LED彩灯，不错的手腕型设计外观，做工秉承了耐克的细腻，应该会促使你完成既定的目标。它还可以和智能手机、网站同步数据，跟踪你的运动计划（如图2-149）。

图2-149 Nike+Fuel Band / Nike Inc., / USA

作品名称：谷歌眼镜

设计单位：谷歌公司

设计解码：谷歌眼镜(Google Project Glass)是由谷歌公司于2012年4月发布的一款"拓展现实"眼镜，它包括了一条可横置于鼻梁上方的平行框架、一个位于镜框右侧的宽条状电脑，以及一个透明显示屏。这款高科技眼镜拥有智能手机的所有功能，镜片上装有一个微型显示屏，用户无需动手便可上网冲浪或者处理文字信息和电子邮件。同时，戴上这款"拓展现实"眼镜，用户可以用自己的声音控制拍照、视频通话和辨明方向等等（如图2-150）。

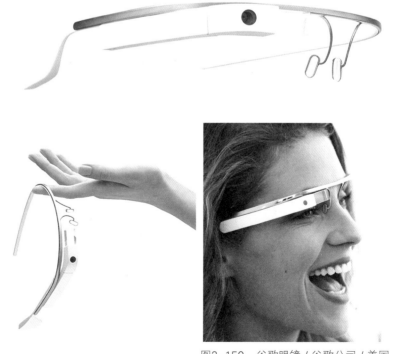

图2-150 谷歌眼镜 / 谷歌公司 / 美国

作品名称：APPLE产品系列

生产企业：APPLE

设计解码：苹果品牌的文化特征：创新、冒险、注重细节、团队取向；
苹果产品开发设计的理念：创新、个性、人性化；
苹果产品的主要特征：与众不同的个性、完美的细节处理、精致的工艺品质、人性化的使用操作、简约时尚的风格（如图2-151至图2-157）。

APPLE品牌的成功，是因为身为CEO的乔布斯，有着敏锐的市场洞察力和天才式先验性用户体验的创新思维，能清晰地提出产品的概念；也是因为他非常重视工业设计，并将其摆在企业经营战略的高度来认真对待，用工业设计来统筹产品的创新工作；更是因他成功地让APPLE集研发、制造和营销高度一体的完整（封闭）体系之"硬实力"，成为了设计"软实力"在产品创新中得到不折不扣体现的有力保障。

苹果电脑公司的设计总监兼副总裁乔纳森·艾维，1993年加入苹果公司，自从1998年设计出第一台iMac后，又设计出了iPod、iPhone和iPad。他同时帮助苹果成功扭转颓势，营业额超越谷歌和微软，一跃成为世界第二大企业。艾维指出，好的设计由用途、外观和内在诉求三个要素组成。最重要的就是它的内在诉求，即产品的特色和它带给用户的使用感觉。在接受《时代》杂志采访时，他特别提到："设计一台与众不同的计算机很简单，难的是如何让使用者感到贴心好用。"艾维设计过的东西有一个共同点：造型新颖、充满情趣。

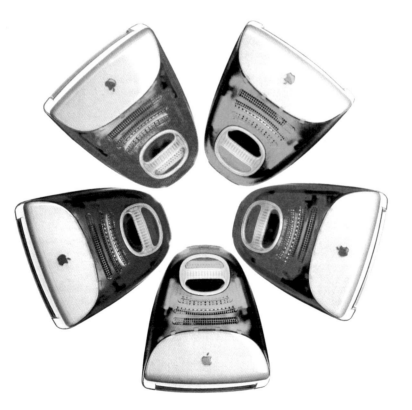

图2-151 iMac G3电脑 / Jonathan Ive / 1998

图2-152 iMac G4 电脑 / Jonathan Ive / 2003

图2-153　MacBook AIR / Jonathan Ive / 2010

图2-154　iPod Nano 3 /
Jonathan Ive / 2007

图2-155　iPad / Jonathan Ive / 2010

图2-156　iphone5 / Jonathan Ive / 2012

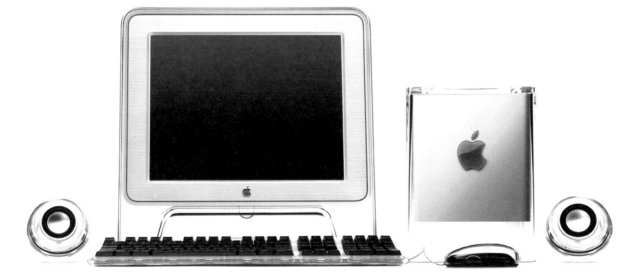

图2-157　Power Mac G4电脑 / Jonathan Ive / 2000

概念提出	草图	2D线框图	3D数据模型	手板验证	Pro-E数据建模	模型生产

图2-158　老人手机 / 深圳嘉兰图设计有限公司

作品名称：老年人手机

设计单位：深圳嘉兰图设计有限公司

设计解码：造型柔和、自然，但不失时尚，让老年人也能体验时尚气息。功能区与数字区用颜色区分，功能按键和彩色屏幕放在同一个色块中，使得操作输入和反馈更加迅速和有效。跑道形颗粒状的大按键手感舒适，也更容易触摸，为了方便老人夜晚的安全，即使是关机状态也能开启LED灯。低频辐射为老人提供健康通话。独特的"SOS"求救功能，支持无线健康检测设备等拓展功能（如图2-158）。

3．知识点
IT产品是指在信息技术背景下，运用计算机科学和通信技术，进行各种信息生产、处理、交换与传播的相关产品。比如：电脑、手机、数码相机、数码摄像机、数字电视机、PDA、MP3、MP4、游戏机等等。信息技术的发展，对传统的生活方式和产品都造成了巨大的冲击，智能化家居、可穿戴设备正在逐步成为人们现代生活的基本武装。未来IT产品的发展趋势，整体上应该是从提升性能和体验出发，技术进步必将带来体验上的提升，而体验提升也要依靠外观形态和应用性能的变化。

1）IT产品的基本特征
① 界面易用化
IT产品设计从某种意义上来说也是一种信息传达设计。对于IT产品设计师的要求不仅是为一项具有特定功能的工业产品寻找一个合适的外型，更重要的是为产品的功能安排一个合理的使用逻辑，然后通过产品造型语言和UI界面设计把它传达给使用者。如果把设计师设计产品看作是为产品的功能"编写"合适的剧本，那么，使用者对产品的使用便可以看作是演员在进行演出。"剧本"绝对不是产品的使用说明书，而是产品本身。然而是否便于消费者使用，产品的功能能否充分发挥出来，以及消费者在使用过程中对产品的满意度，便是所谓的产品的"易用性"。

操作界面有物理界面和软界面两种，物理界面的易用化主要体现在控制面板上各种功能按键的认知和操作是否方便上。例如，CANON傻瓜照相机是操作界面人性化设计的经典案例，其操作非常简单，省去了手动相机关于光圈、快门、曝光以及对焦设定等一系列的麻烦，实现单键作业，是"易用性"带来照相机市场普及化的功臣。又如同时具有无线鼠标+手写输入功能的数码笔，它可在任何平坦的表面上书写，利用信号接收器接传入电脑，实现手写信息录入（如图2-159）。

软界面的易用化主要体现在用户对UI界面各种功能是否能快速的认知和操作上。例如，微软推出的Surface系统提供了多点触控(Multi-Touch)功能，可以同时辨识多点的触控资讯，可让更多人同时使用一台Surface电脑。

② 过程互动化
对于IT产品而言，互动式的体验是指用户在使用产品的过程中，产品通过自身的感应机制来感应用户的动作、速度、深度、声音等，与用户产生沟通与互动，使两者之间产生某种相互对应关系，借此加深用户对产品的认知、实现产品的功能。设计师在设计时需充分考虑用户在使用过程里的各种心理感受，让用户在精神上得到满足的同时，建立起人与产品之间的和谐互动关系。

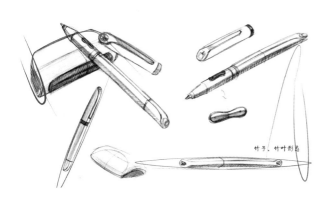

图2-159 数码笔 / 广州原子工业产品设计有限公司 / 中国

例如Kinect – 微软给XBOX360游戏机开发的一个体感传感器，配有彩色摄像头、深度传感器、加速度传感器、麦克风阵列。它允许人用身体和声音来操控游戏机。它彻底颠覆了游戏只能通过按键操作的方式，满足了人们对于自然人机交互方式的渴望（如图2-160）。

③ 控制智能化

随着信息技术的不断发展，其技术含量及复杂程度也越来越高，智能化的概念开始逐渐渗透到各行各业以及我们生活中的方方面面，在IT行业的表现相当突出，智能手机、智能手表（如图2-161）、智能眼镜等产品相继推出，目前流行的智能家居也是这方面的典型的案例，它为用户提供全方位的信息交互功能，帮助家庭与外部保持信息交流畅通，优化了人们的生活方式。

图2-160　Kinect体感传感器 / 微软 / 美国 / 2010

④ 小型可穿戴

处理器的更小、更快、更省电化发展，加上智能大数据、云存储、云计算、高速无线网的跟进，进一步削弱应用对移动设备终端性能的依赖，为移动设备的进一步小型化创造了条件。

形态微型化的结果在大多数情况下使产品变得便于携带，它为使用者带来方便并在工作和生活上创造新的可能性。近几年来，在计算机领域出现了一个新的系统技术，这就是可穿戴技术（wearable computing）。顾名思义，可穿戴计算技术就是把计算机"穿"在身上进行应用的技术。近年来许多应用领域都要求计算机能随着人的活动在任何时间、任何地点运行程序并上网工作，跟着人进行"移动计算"和"移动网络通信"。于是，人们就把计算机从桌面请到了人的身上，通过微小型设计和合理的布局，将各模块分布到人体的各个部位，从而能"穿"在身上，并与人相结合，通过无线传输构成一个移动节点，实现移动网络计算。Google、Apple、Samsung都相继推出自己的可穿戴计算设备。2013年的CES上，也有不少公司推出了眼镜、腕带等各种可穿戴计算设备。例如飞利浦公司的概念产品"新游牧民族"（如图2-162）。

图2-161　SmartWatch / SONY / 日本 / 2012

⑤ 非物质化

部分基于虚拟的、数字化基础上的产品功能呈现出非物质性的特征，需求已经从"硬件需求"转化为"软件需求"，产品功能依附于其他的操作平台之上，隐去了自身的物质存在。

图2-162　"新游牧民族"通讯设备 / Philips / 荷兰

2）交互设计的几种方法

① 以用户为中心的设计

以用户为中心的设计（User Centered Design）就是：用户知道什么最好。使用产品或是服务的人知道自己的需求、目标和偏好，设计师需要发现这些并为其设计。在和咖啡饮用者交流之前，设计师不应当设计销售咖啡的服务，设计师，不论本意如何善良，都不是用户，设计师就是帮助用户实现目标的。在设计过程的每一个阶段（理想情况下）应寻找用户的参与。事实上，某些设计师将用户看做是共同创作者。以用户为中心的设计思想已经存在很长时间了；此理念来源于工业设计和人类工效学，认为设计师应当让产品适合人而不是相反。在UCD中目标非常重要，设计者关注用户最终想完成什么。设计师定义完成目标的任务和方式，并且始终牢记用户的需求和偏好。简单的说，用户数据贯穿着整个项目，是设计决策的决定性因素。

② 以活动为中心的设计

以活动为中心的设计（Activity-Centered Desing,ACD）不关注用户目标和偏好，而主要针对围绕特定任务的行为。ACD来源于活动理论（activiy theoy）这是在20世纪上半叶建立的一个心理框架。活动理论假定人们通过"具象化（exteriorized）"思维过程来创建工具。决策和个人的内心活动不再被强调，而是关注人们做什么，关注他们共同为工作（或交流）创建的工具。这种哲学很好地转化成了以活动为中心的设计，其中活动和支持活动的工具（不是用户）是设计过程的中心。

和以用户为中心的设计类似，以活动为中心的设计的领悟基础也是研究，虽然方式有所不同。设计师观察并访谈用户，寻求对他们行为（不是目标和动机）的领悟。设计师先列出用户活动和任务，也许补充一些丢失的任务，然后设计解决方案，以帮助用户完成任务，而不是达到目标本身。

③ 系统设计

系统设计（Systems Desing）是解决设计问题的一种非常理论化的方式；它利用组件的某种既定安排来创建设计方案。而在用户为中心的设计中，用户位于设计过程的中心，这里的系统是一系列相互作用的实体。系统设计是结构化的，严格的设计方法对解决复杂问题非常有效，可以为设计提供一个整体分析。系统没有忽视用户目标和需求，可以将其设定为系统的目标。但在此方法中，更强调场景而不是用户。使用系统设计的设计师会关注整个使用场景，而不是单个的对象或设备。可以认为系统设计是对产品或是服务将要应用的大场景的严谨观察。系统设计最强大的地方在于，能够以一个全景视图来整体研究项目。

④ 天才设计

天才设计似乎完全依赖设计师的智慧和经验来进行设计决策。设计师尽其所能来判断用户需求，并基于此来设计产品。如果出现了用户参与，那会是在整体过程的结尾，此时由用户来评测设计师完成的作品，以确保其的确如设计师所期望的那样工作。这不是说使用天才设计方法的设计师不考虑用户，设计师利用他们的个人知识（通常也包括他所在工作组的知识以及其他人的研究）来确定用户所想、所需和期望。

天才设计产品的成功很大程度上依赖于设计师的才能。因此，天才设计最可能被经验丰富的设计师采用，他们已经经历过各种类型的问题，并且能够从以前的项目中总结出解决办法。

4. 实战程序
参照生活用品项目的实战程序部分结合自选项目变通实施。

第三章

欣赏与分析

第一节　国内外经典作品

第二节　国内外学生优秀作品

近些年，中国工业设计发展迅猛，成绩喜人。部分产品设计机构和设计师的实力正在逐步与国际接轨，对传统文化的继承和创新运用也已渐成气候。本章囊括国内外优秀设计师和青年学生才俊的优秀作品，力图全面展现当下工业设计实践与教育的整体状况，配以设计解码剖析设计亮点，给学生一个借鉴、比肩的参照。

第一节　国内外经典作品

挑选经典产品设计作品是一件比较为难的事情，经典而又不是老面孔，免得引起审美疲劳就更难了。下面所选设计师和设计作品尽量考虑到当下的影响力和示范意义，也兼顾了地区和类别的代表性，力图将最新的较全面的产品设计成果呈现出来，解析说明也优先设计机构和设计师自己的原版文字，以免传递过程造成的衰减。对于在本书前面章节中出现了的设计师或作品，在这里就不重复介绍。

1．国外有影响力的产品设计大师及其作品

马克·纽森 Marc Newson

马克·纽森1963年生于悉尼，是世界上最多产、跨度最大、最有影响力的工业设计师。他的代表作包括Orgone　Lounge　Chair、Alufelt Chair、Ikepod手表、Nike概念鞋等。在2005年的《时代》杂志，纽森入选为首100名最有影响力的人物之一。马克·纽森的名字已经成为新的时尚符号，获得了芝加哥 Athaeneum的 "优秀设计奖"、"ELLE家具"的 "设计大奖"、"Homes&GardenswithV&AMuseum" 的 "经典设计大奖" 等。这个 "什么都敢设计" 的鬼才设计师，成了 "一个为世界制造梦幻曲线的人"。其部分作品如下图：

Horizon Ikepod Watch / 2006

Orgone Lounge Chair / 1993

Lockheed Lounge / 1986　　Nike Zvezdochka "Transport / 2010

艾洛·阿尼奥 Eero Aarnio

艾洛·阿尼奥1932年生于芬兰，是当代最著名的设计师之一。他创造了Ball Chair、Bubble Chair、Formula Chair、Pastil Chair等世界著名设计,成为自20世纪60年代以来奠定芬兰在国际设计领域领导地位的重要设计家之一。他不仅是一位家具设计大师,而且也擅长室内设计、展示设计及工业设计,还涉及一些其他相关领域,尤其是平面设计和专业摄影,作品被许多在国际上享有盛誉的博物馆收藏,并获得许多工业设计奖项。他的设计理念是用尽量小的消耗取得最大的功效，认为材料和技术的革新都会开创新的设计道路。其部分作品如下图:

Formula Chair / 1998

Bubble Chair / 1968

Ball Chair / 1963

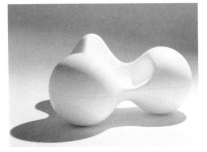
Tomato Chair 2 / 1971

Focus Chair 3 and Parabel Dining Table / 2002

深泽直人 Naoto Fukasawa

深泽直人1956年生于日本，著名产品设计师，家用电器和日用杂物设计品牌"±0"的创始人。他曾为多家知名公司如苹果、爱普生进行过品牌设计，代表作有：无印良品壁挂CD机、±0加湿器等，其作品获得过几十项设计大奖，其中包括美国IDEA金奖、德国IF金奖、"红点"设计奖、英国D&AD金奖、日本优秀设计奖。他的设计主张是：用最少的元素（上下公差为±0）来展示产品的全部功能。其部分作品如下图:

加湿器 / ±0

液晶电视 / ±0

CD播放器 / MUJI

飞利浦·斯塔克Philippe Starck

飞利浦·斯塔克1949年出生于巴黎，世界著名的设计鬼才。斯塔克几乎囊括了所有国际性设计奖项，包括红点设计奖、IF设计奖、哈佛卓越设计奖等。主要从事立体的产品造型设计，具有"能将欲望的冲动视觉化"的非凡能力。他的目的并不是要做一个综合一些文化符号的随波逐流者，而是要成为新符号新象征的创造者。它的设计最突出的特征就是具有幽默感，这使物与人关系变得更融洽。其代表作有Alessi柠檬榨汁机、微软的光电鼠标、Costes餐厅的WW STOOL等。其部分作品如下图：

OPTICAL MOUSE / 2004

HARD STARCK / 2003

MAX LE CHINOIS / 1990

WW STOOL / 1990

LOULOU GHOST / 2008

马塞尔·万德斯 Marcel Wanders

马塞尔·万德斯1963年出生于荷兰，被誉为"荷兰设计标签"，《华盛顿邮报》称之为（全球）"设计界的宠儿"。他的设计漂亮、实用、风格多变，他比喻自己的设计风格是将"设计原型"(archetypes)为蓝图，在原型上变化出惊喜，变出让人会心一笑的X元素。其设计作品曾多次获得国际设计奖项，代表作有Knotted Chair、zeppelin灯具、Crochet Chair等。其部分作品如下图：

Knotted Chair / 1996

zeppelin / 1962

Shitake / 2007

迈克尔·杨 Michael Young

迈克尔·杨1966年出生于英格兰东北部的桑德兰，当代世界设计界最有影响力的设计师之一。2003年，他把工作室转移到香港开始在亚洲的发展，将香港本土工业与自己的设计理念完美结合，为香港乃至整个亚洲的工业设计带来崭新的品牌名声。这些年来已经几乎成为对"中国设计"最有发言权的欧洲设计师。他为众多享誉国际的知名品牌设计，作品获得"红点设计大奖"、"东京优秀设计奖"等奖项，代表作有"City Strom GiantBike"、"Young w094t-LED Table Lamp"、"Hexacone Collection"等。在他的作品中，简洁的线条与鲜艳欲滴的色彩必不可少，发散出顽童般意趣，令人莞尔，特别是新奇的材质与独特的贴合方式，时常令人眼前一亮。其部分作品如下图：

Young w094t-LED Table Lamp / 2009

Zip Zi Folded Paper / 2007

Hex Chair / 2012

Noisezero O+ Eco edition over-ear headphone / 2011

City Storm GiantBike / 2007

HEX collection / 2010

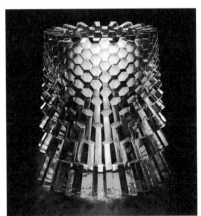

HEX collection / 2010

HEX collection / 2010

凯瑞姆・瑞席 Karim Rashid

凯瑞姆・瑞席1960年生于埃及开罗，是当今美国工业设计界的巨星。现在美国纽约市发展设计事业。以艺术风格闻名，跨足的设计领域包括室内外空间设计，时尚精品设计，家具设计，照明设备设计，艺术品设计，以及各式各样的产品设计。Karim Rashid 在与他同时代设计师之中是拥有作品最多的设计师之一。超过3000多项设计已投入生产，获得300个以上的奖项，包括"Red Dot 大奖"、"Chicago Athenaeum 优良设计奖"、"I.D. 杂志年度设计奖"、"IDSA 工业卓越设计奖"，获奖作品包括：Garbo 垃圾桶、为 Umbra 设计的Oh Chair、为 Artemide 及 Magis 设计的家具、为LaCie 及三星电子设计的高科技产品，以及为Georg Jensen、Veuve Clicquot 及 Swarovski 设计的奢华商品等。其部分作品如下图：

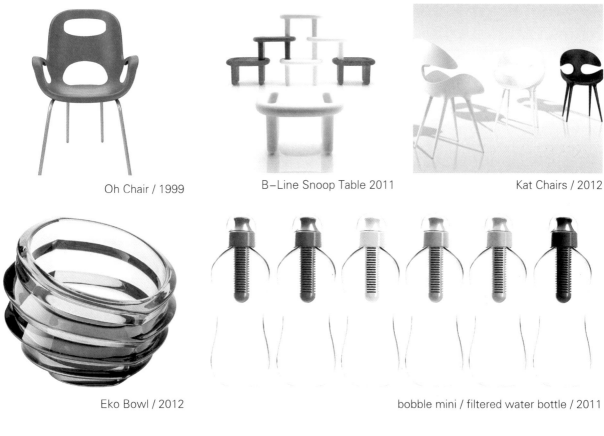

Oh Chair / 1999   B-Line Snoop Table 2011   Kat Chairs / 2012

Eko Bowl / 2012   bobble mini / filtered water bottle / 2011

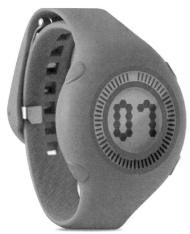

Nooka Yogurt Watch / 2010

2．国外优秀产品设计

作品名称：Twist打蛋器（2012年红点奖产品设计奖）

生产企业：Joseph Joseph Ltd, GB

设计者：Oliver Craig, GB

设计解码：这款扭扭打蛋器（Twist Whisk），它的搅拌条可以通过手柄后的旋钮来调整角度，需要的时候可以让搅拌条十字排列，不需要的时候，又能让它们恢复成平整排列，同时解决收纳和清洗两大难题，是一个通过巧妙的结构实现创新的小产品。

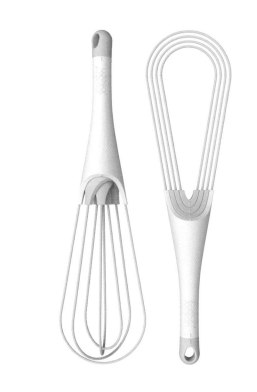

作品名称：仿生餐具"Seasons"
（2010年米兰设计周SaloneSatellite奖）

设计者：Nao Tamura.Japan

设计解码：灵感来源于自然。它是一款具有功能性的厨房用品，有很多灵活的用途，可以反复使用和清洗，也可以在微波炉和烤箱中使用；它像一片叶子，每片叶子都拥有自己的形状。设计师尝试以"简单设计"满足用户的要求，同时借作品传达梦想和愿望。

作品名称：Cast Cutter切割工具
（2011年红点奖产品设计奖）

生产企业：HEBUmedical GmbH, Germany

设计者：Martin Storz Design (Martin Storz), Germany

设计解码：该剪刀的形态是以手的人机工程学数据为依据。不对称的手柄设计以及手柄上四个弧形的凹位保证了剪刀持握的稳定性。使用起来舒适省力。

作品名称：BMW AirFlow 2 安全帽
（2012年红点奖产品设计奖）

生产企业：BMW AG, Germany

设计者：BMW Group Design, Germany

设计解码：BMW AirFlow 2头盔，简洁纯粹，流畅清晰的曲线动感十足，采用碳纤维和铝材，使AirFlow非常轻便，吸振外壳内的EPS设计也使AirFlow更加通风，具有防止雨水流入的功能设计。宝马的高标准品质，使AirFlow2具备优秀的美学感受，安全舒适，飘逸轻盈，深受高端时尚人士的青睐。

作品名称：Beats by Dr. Dre Beats Wireless
无线蓝牙耳机（2012年美国IDEA设计大赛企业组金奖）

生产企业：Beats by Dr. Dre, USA

设计师：Ammunition
(Robert Brunner, Grégoire Vandenbussche), USA

设计解码：Beats 无线耳机具有强大的音质，清晰强大的音色可媲美任何一款有线耳机。此外，还配备了耳机线，在您不想使用无线功能时使用。该耳机具有10小时电池使用时间。可插入任何电脑或USB端口进行充电。耳机可与任何设备配对：包括笔记本电脑、iPhone、iPad 或 iPod touch或任何其他启用蓝牙设备的音频 。

作品名称：Snack Dispense存储罐（2011年红点奖产品设计奖）

生产企业：International Innovation Company, NL

设计者：IIC design team (Rui Medeiros Santos), NL

设计解码：这是一些丰富多彩和实用的坚果和糖果存储罐。通过Oxiloc系统创造了一个密封的存储方式。用简单的动作按下的软塑料盖，空气会自动从容器中压出，从而使食物保鲜时间更长。盖子和容器使用的材料符合食品安全，完全可回收。该产品线可以有多个尺寸和颜色供用户选择。

作品名称：Stuben-Hocker Stool（2010年红点奖产品设计奖）

生产企业：Stuben-Hocker, Germany

设计者：Ralf Hennig, Germany

设计解码：该凳子的设计亮点主要在它的坐垫套上，它们的材料采用100％新羊毛，有36种不同的颜色选择。丰富的色彩可和多种环境配套，可以用于演示，展会和活动，给人留下印象深刻的色彩变化。

作品名称：C-Thru消防头盔（2012年美国IDEA设计大赛企业组金奖）

设计者：Omer Haciomeroglu.Turkey

设计解码：C-Thru是一款超酷的消防头盔概念设计，它可以让消防队员在浓烟密布的火场中保持清晰的视野并且及时、顺利地完成营救任务。我们知道传统的消防设备往往很笨拙，在消防员进行紧急营救的时候会受到诸多限制以至于不能迅速有效的完成任务，而C-Thru消防头盔上安装的高科技先进仪器却可以大大提高效率，它能够在烟雾缭绕的环境中通过显示屏将屋子内部的情况以框架的显示方式呈现在消防人员眼前，以便马上了解现场状况，并且通过强大的热成像系统的帮助，消防队员可以马上辨别并且到达遇险者的位置，然后开展救助，大大减少在火灾中丧生的概率。

作品名称：Ring灯具（2013年米兰设计周作品）

生产企业：Caimi Brevetti

设计者：Stano Lorenzo

设计解码：该系列灯具利用半透明的高科技聚合物做成的简单的环形为基本单元，通过关节连接环组合成各种灯罩，可以得到特殊的灯光效果。这种模块化的组合方式提高了生产效率，风格时尚，用户还可根据自己的家居环境来选择颜色。

作品名称：Notchless胶带座（2011年红点奖产品设计奖）

生产企业：Kikuchi-Yasukuni Architects Inc., Japan

设计者：Mamoru Yasukuni, Japan

设计解码：Notchless胶带座采用像刀头划破胶带一样的切割设计，能够获得没有锯齿的直线状切口。不仅切口美观，而且不用担心胶带从锯齿部分裂开，或者粘着面随着胶片卷缩，使用起来非常方便，并且大大提高了安全性。Notchless装胶带时的操作极为简单，只需将单侧透明罩拆下来安装即可。凭借独创功能以及出色的外观设计，该产品获得了多个设计大奖。

第三章 欣赏与分析

3. 大陆、港台优秀产品设计

作品名称："高山流水"香台

设计单位：北京洛可可设计公司

设计解码：采用国家发明专利技术，燃香后使烟雾如水流般向下流淌，营造出山涧流水的清雅意境。通过现代设计手法，使传统意义上繁琐的香道能够被简便地使用、欣赏。优质沉香制成的香品，具有清洁居室空气以及静心理气的功效，为忙碌的现代人营造健康的生活环境。采用道旁石般的天然形态，将朴素的自然之美融于流动的线条和磊叠的角度，虽由人作，却宛如天成。巧妙的错落排布，让香台产生失衡的动感，配合自卵石间蜿蜒而下的烟气，如涓涓云水漫过山间，仿佛仰观高山流水的自然气象。

作品名称：三一挖掘机变形金刚/2011年

设计单位：台湾浩汉设计公司

设计解码：三一挖掘机变形金刚着力于"塑造重型机械的设计与展示传世新模式"，其外表酷似电影变形金刚中的"大黄蜂"，取材于三一重机的挖掘机，模型制作材料为玻璃钢。手臂上的"武器"为挖掘机的翻斗、支架，身体部分由履带组成，一眼就能看出鲜明的挖掘机特征。该金刚机器人高度7.2米，身体宽度7.5米，身体厚度3.5米。骨架自身总重量为7吨，包含外观各部件在内的总重量为16吨，庞大的身躯充满正气和力量感。这台集所有精湛技术于一身的概念挖机，通过富有张力和突破性的外观设计展示了一家重工制造商的激情与魅力。变形金刚版概念挖掘机独一无二的动感造型，将三一的科技领先实力展露无遗，有利于三一品牌创新拓展。

作品名称：传祺GA3中级轿车内外造型设计及AF平台/架构研发

产品品牌：广汽传祺

主设计者/平台研发总监：肖宁

设计解码：广汽传祺GA3中级轿车的工业设计、整车开发及AF平台/架构研发，成就了广汽首个、国内少数几个之一的全新自主研发轿车底盘平台/架构。研发设计从用户研究入手，始终坚持用户导向理念，使工业设计与工程设计、工艺工程、价值工程及市场营销创新紧密结合在一起，达到性能、成本与用户价值的平衡，并创造了同级车罕有的动感、舒适、安全之驾乘新体验。

作品名称：运动三防腕表手机/2012年

设计单位：深圳浪尖设计有限公司

设计解码：作为浪尖在三防领域自主创新的有力佳作，它不仅具备手表的功能，还是一台可即时通讯的智能手机，便携小巧，其中防水级别高达IP67级别；在材料和工艺上，产品采用全钢外壳，拉丝、抛光与喷砂工艺的结合，使产品具有极强的品质感和精致感，成功申报产品的外观专利，同时荣获"2012年中国创新设计红星奖"。

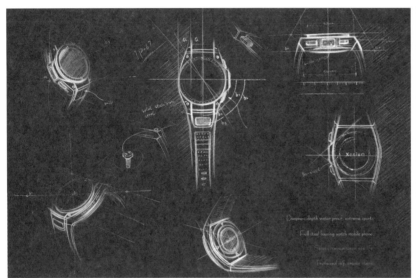

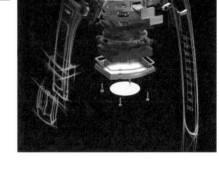

作品名称：新型家用蒸馏制酒机/2011-2012年

设计单位：广州大学工业设计研究所

设计者：单晓彤（总监），黎锐垣，向智钊，刘恩华（主设计师）

设计解码：这是一款新型家用蒸馏制酒机，同时具备咖啡机功能。整个产品设计上窄下宽，用V形的线条来分割上面部分使其有一种上升之势，使得产品不至于呆板。由于整个产品要实现两个功能，所以在两个容器上都做了巧妙的设计。使得产品在美观、实用的同时，又不缺乏创新。产品的创新点在于多角度的考虑：一方面要考虑蒸酒带来的冷却问题；另一方面要考虑咖啡容器的问题。蒸酒部分采用了螺旋形的铜管，这种形式很好地解决了积水的问题同时，也和制冷风扇有了完美的配合，使得制冷效果达到极致。咖啡机功能部分也采取了内外配合的设计来完成和实现。该方案的创新点为：将传统的家庭用品大众化；将大型的制造机器桌面化；将蒸酒机、咖啡机一体化。该作品获广东省第五届省长杯工业设计大赛三等奖。

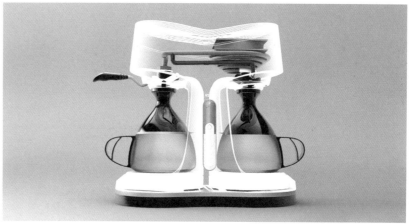

作品名称：典藏系列文具/2012

生产企业：深圳和合创意文化用品有限公司

设计者：李辉雄

设计解码：典藏系列中的每一片铜件，都是经过匠人的手工镶嵌、打磨，平滑的与木相接，是和合的经典款式，典雅的极简风格，经得起岁月的洗礼；优质上等的大红酸枝，伴随着时间的推移色泽更加沉稳，指尖触及之处总是温厚舒适；纯手工镶嵌的铜片平整而光滑，低调简约，历久弥新。

典藏系列

常念为经，
常数为典。

作品名称：马来西亚皇家雪兰莪茶具/2011年

设计单位：杨明洁设计顾问机构

设计解码：这是皇家雪兰莪委托YANG DESIGN设计的一套名为"知竹常乐"的茶具系列。该系列茶具以中国传统文化语义为设计源点，包括茶壶、茶杯、茶叶罐、茶筅、茶盘和茶食小碟。不单是材质上的结合，更实现了功能上的创新与突破，如竹制把手与盘底的防烫与防撞功能、滤茶器的快速释茶功能、外张茶盖罐的易开启等，均实现了"创作完美用户体验"的设计哲学。该系列在马来西亚、新加坡、中国等地发布，全球销售。

作品名称：贝壳6000移动电源/2012年

设计单位：香港维尔尚科技有限公司/广州玩味工艺品有限公司

设计者：卢德伟 叶杨 严专军 邝木山 王立真/关庆伟

设计解码：该产品由香港维尔尚科技有限公司生产，可随时随地给手机等移动产品充电，外形线条柔和手感好，亚克力双料注塑工艺剔透质感，简约时尚。经广州玩味工艺品有限公司的后期加工，表面用中国传统的吉祥图案进行装饰，演变成一系列中国文化特色鲜明的礼品。

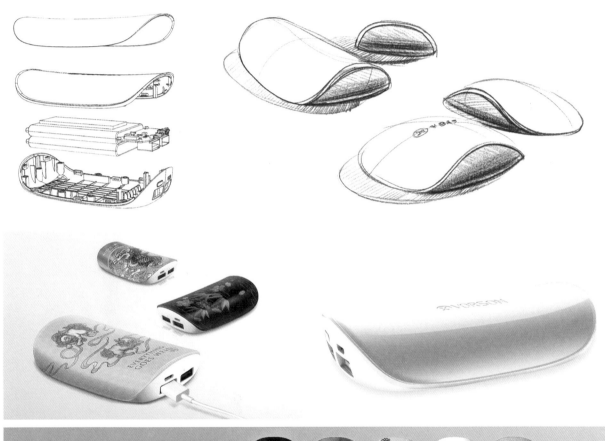

作品名称：阿陀运动健康记录仪

设计单位：洛可可设计公司

产品解码：无论你是站立、行走、跑步或其他运动状态，阿陀运动健康记录仪都能清楚辨别，并计算出你的卡路里消耗、有效 消耗、持续时间、距离、运动强度、速度等内容，并可以对以上数据进行年、月、周、日、时、分和秒的统计分析。它结构小巧，可以插在腰间，夹在护腕上或者身体的其他部位，方便携带，最简单的操作就能实现复杂的功能，更方便的是它可以通过蓝牙与手机连接，通过USB和电脑进行连接，避免了显示屏的重复利用，这意味着你可以即时记录并查看你的卡路里消耗。通过手机提供的GPS定位系统，它可以监测到你所在的位置，绘制你的运动地图。该作品荣获了２０１１年"红点奖产品设计大奖"。

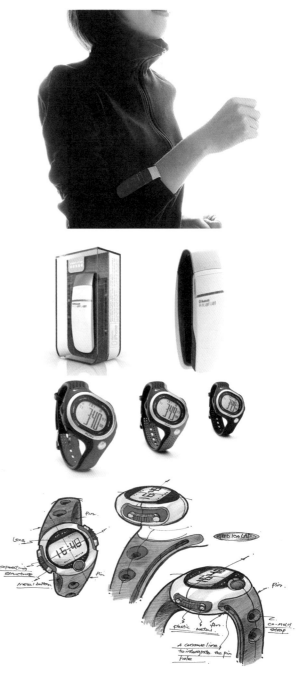

作品名称：耐克运动手表

设计单位：上海指南工业设计有限公司

设计解码：产品将运动与时尚有机结合，传达给消费者现代、清新的感受，倾斜的字体大号数字适合跑步时阅读。新的设计成功地将产品定位为每个人都应该拥有的时尚配件，以此打开目标市场过窄的局面，吸引除跑步爱好者以外更广泛的人群。2008年春季上市以来，Triax系列年销售量200万只，每年的销售收入近一亿美元。

作品名称：i.fresh空气净化器/2012年

生产企业：Oregon Scientific Global Distribution Limited, Hong Kong

设计解码：Oregon Scientific采用先进的NCCO催化式氧化科技，高效能地分解有害物质，去除有害气体及异味，杀菌及除尘，更能消灭过敏原，彻底净化家中空气。WS907 i-fresh NCCO纳米空气抗菌器设空气质量传感器，让用户可实时监测室内空气指数，这功能在市场上是独有的，产品顶部设有液晶显示屏显示室内空气指数，1为最好，20为最差，同时，透过其底部的空气质量指示灯颜色，如红色为空气指数欠佳，绿色为尚可等，即使在远距离也可得知室内空气指数，用家亦可调节适合的扇速，维持或加快空气净化的进程。

作品名称：金立N77翻盖手机/2010年

设计单位：深圳东来设计有限公司

产品解码：金立N77翻盖手机是一款结合新鲜而现代的设计，以铝材料为主，增加强度，更环保，尽显优雅高档。统一的设计让结构和艺术相结合，轻薄而流线的外形，真正质感体验。扩大键盘提供舒适的触键和最大的可用性，是日常理想的通讯工具。产品荣获"2011年德国IF奖"、"2011年第五届深圳设计精品奖银奖"。

作品名称：塑料拉伸流变挤出机/2010年

设计单位：广东川上品牌管理有限公司

设计者：桂元龙、杨淳、黎坚满、陈智/技术发明人瞿金平、何和智

设计解码：塑料拉伸流变挤出机是运用拉伸流变塑化原理，针对连续生产的挤塑类工艺而开发的塑料加工设备。设计上有"机、电、气一体化，一机通用，绿色设计和人性化设计"四大优点。适用于生产薄膜、电缆、管材、板材等制品。拥有完全自主知识产权，工作原理及设备已申请了中国、美国、日本、欧共体等16个国家和地区的发明专利。与现有剪切流变塑化机相比，可节省能耗30%以上，配合上挤、平挤和下挤出工艺自动喂料，将作业面进行固定设计，极大地减轻操作者的工作强度，提高了工作效率。该作品获"广东省第五届省长杯工业设计大赛二等奖"。

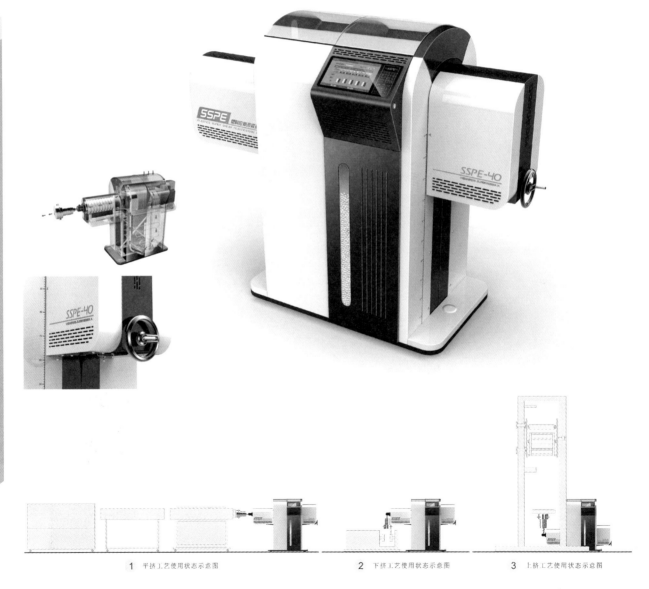

1 平挤工艺使用状态示意图　　2 下挤工艺使用状态示意图　　3 上挤工艺使用状态示意图

作品名称：安科1.5T MRI/2013年

设计单位：深圳市嘉兰图设计有限公司

设计解码：该核磁共振成像设备的设计灵感来自于大自然中鹦鹉螺的形态；线条优美流畅，形体温润饱满，配色清晰亮丽，给人一种亲近的感觉,造型柔和、自然。该设备解决了大型玻璃钢工艺拼接缝隙不均匀的工艺问题，降低了被检测者心理压迫感，并实现了双边操作。

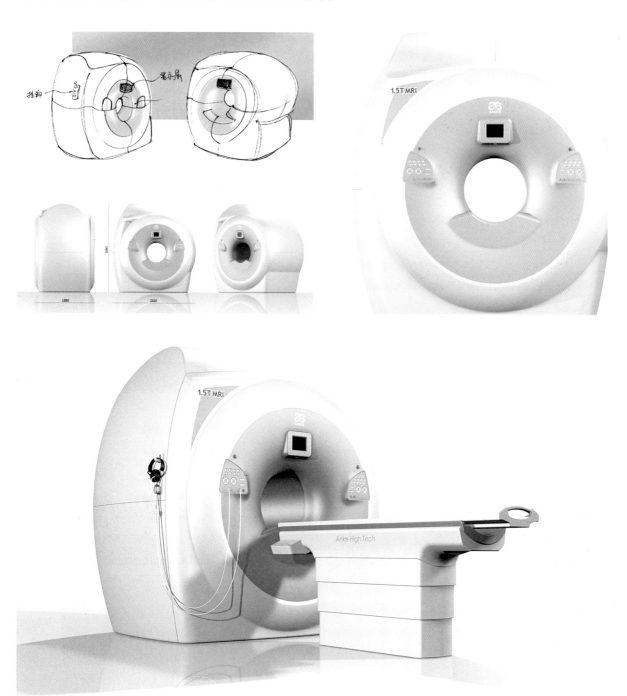

作品名称：Solid Sound 便携式音乐播放器/2011年

设计单位：广州正艺产品设计有限公司

设计解码：Solid Sound产品设计具有其独特的创新性：通常音响由于其结构特点，发音都有方向性，虽然保证了最佳角度的音效，但使用者在不同的位置听到的声音效果有非常大的差别。当朋友们围在一起聊天又或者在户外的茶几上喝茶时，怎样令每个人都听到相同的悦耳的音乐呢，Solid Sound提供了360度相同音效的解决方案。在使用体验上，产品没有传统的按键，当使用者开启Solid Sound时音柱的缓慢升起以及触摸控制时都带来全新的感受。同时它易于携带、使用方便，能很好的和各种使用环境协调。该产品获得2012年的红点奖和2011年的红星奖。

作品名称：飞艇浴缸/2011

设计单位：广州大业产品设计有限公司

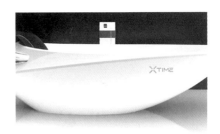

设计解码：设计师以动感飞梭的造型语言，以及人性化的科技功能应用，将智能卫浴、科技卫浴诠释得淋漓尽致。立体环形视听、立体全方位按摩、落地花洒、恒温水，体验前所未有的极速"冲浪"快感……体的声音体验更加立体。该产品获得2012年的红点奖。

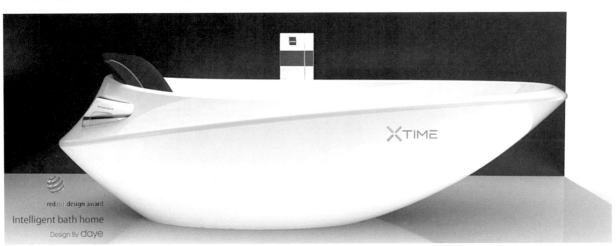

作品名称：二合一早餐机XB8002/2005年

设计单位：佛山六维空间设计咨询有限公司

设计解码：该早餐机最大的亮点就是通过设计将多士炉和煮蛋器的功能进行整合，大大提高了产品的附加值。二合一早餐机2006年被美国《福布斯》财富杂志评为"全美十大最酷厨房用品"之一，同年还获得中国原创产品设计大奖——红绵奖等奖项。XB8002在2005年9月推出市场以来，单一型号至今已累计销售超过450万台。如今，这种二合一早餐机已发展了8个系列型号，形成较为强势的销售矩阵。

作品名称：胶囊式咖啡机

设计单位：易用广州工业设计公司

设计解码：这是一款高压意式浓缩咖啡机，配合专用咖啡胶囊，消费者在家中就可以享用到与咖啡馆里相当素质的咖啡饮品。此款咖啡机的设计吸取了欧洲市场上代表产品型号的产品趋势，即"小型化"和"仿生化"。2010年，美的集团投资进入此行业。其中MC-C001A是为美的设计的第一款平台产品，获2012年中国设计红星奖，广东省省长杯优良工业设计奖等奖项。

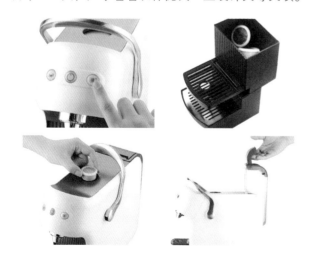

作品名称：QAI排插

设计单位：青鸟工业设计有限公司

设计解码：该排插独特的包裹型外壳设计可防止意外溅水避免短路，又起到压制和梳理凌乱的插头电线的作用。它既可以水平摆放在桌面，又能垂直挂在墙上，起到丰富的装饰效果。以其特有的外观包装吸引年轻消费者，个性的外观，让此排插在同类产品当中脱颖而出。

作品名称：FLYING系列LED球泡灯

设计单位：广东华南工业设计院

设计者：吴祥权

设计解码：作品概念灵感来源于自然界中的蝴蝶元素，给人以活力、温馨、健康、萌发的联想，与LED节能产品逐步走向家用的行业趋势相吻合。以新材料应用为设计切入点，造型典雅美观，而且在材料和工艺上的创新使的它在同类产品中有更强的竞争力，而且对环境的友好也使LED产品在推广应用中更容易被社会所接受，让环保节能的理念深入人心。

作品名称：贝亲婴儿餐具套装

设计单位：上海木马设计有限公司

设计解码：本套产品涵盖了从12个月的婴儿到10岁儿童在进食中所涉及的各种习惯和心理需求变化，其中包括哺喂碗、汤碗、杯、餐盘以及勺叉。该套产品采用半透明PP的双色注塑工艺，柔和质感体现关爱，精良品质提供专业感受、功能齐全周到贴心，把对孩子的关爱传递到千家万户。

采用柔和圆润的造型风格，整个系列材用"沿连把"的基本造型思路，并配合微妙的婴儿口唇发育特点,对饮口及勺头仔细推敲，同时结合图案色彩激发孩子的好奇和欢喜心理，最终满足从母亲哺喂婴儿辅食，到幼儿自主习惯使用与成人相同的餐具这一学习适应过程的种种人机工程，最终鼓励帮助孩子学会自己独立地使用餐具。一方面，其形态及把手可以完美满足妈妈单手操作的需求，为母亲提供方便愉快的育儿体验；另一方面，可爱的形态配合若隐若现的笑脸图案让孩子更有兴趣把碗里的饭吃完。

第二节 国内外学生优秀作品

选择国内外的学生优秀作品，旨在为产品设计专业的学生建立一个可直接比肩的参照系。这里的绝大部分作品都来自于国内外知名工业设计赛事的参赛获奖作品，水准较高，且兼顾了国家和院校的不同区域分布关系，在广泛性的基础上具有一定的代表性。

1. 国外学生优秀作品

作品名称：E-Board / Ironing Board 熨烫架（2012 iF概念设计奖）

国家：伊朗伊斯兰共和国 德黑兰

设计者：Mohsen Jafari Malek

设计解码：熨烫常常花费我们很多时间，这个熨烫架可以让熨衣服快得多。熨烫板被设计成适合裤子或衣服的形态，由五部分组成，可以独立定位，这样你就可以调整形状熨烫服装，如裤子，衬衫或裙子等。同时，熨烫板还可围绕中心轴上下旋转，大大提高工作效率。

作品名称：Endur 担架

（2012 iF概念设计奖）

国家：德国 汉诺威

设计者：Henrik Holkenbrink

设计解码：Endur担架专为边远山区而设计。在平坦的地方，病人可以平躺在担架上，在陡峭的山坡上，由于路窄行走不便，担架可产生结构的变化，病人可以改为坐姿。肩带和两端略微弯曲的握把，方便了救援者在不同状态下的使用。

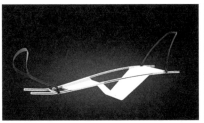

作品名称：Griff生活助手（2012 iF概念设计奖）

国家及大学：Matthias Lauche Germany Hannover

设计者：Matthias Lauche

设计解码：该系列手柄产品可帮助儿童持握把手比较小的东西，如笔，餐具，炊具，酒杯。这些符合人体工程学的手柄的插槽可以轻松和直观地使用，简单地插入东西，由弹性的材料制成。色彩丰富，是儿童日常生活变得聪明的帮手。

作品名称：My writing desk（2012 iF概念设计奖）

国家：Panevezys, Lithuania

设计者：Inesa Malafej

设计解码："我的办公桌"的桌面由木框架包围，该木框架通过一块木材热弯加工而成。木框架提供了大量的空间来存储东西，桌面上的物品可存放在木框架上。框架的两个角上的缺口可供电线通过，桌子的结构简单，可以便捷地拆散无需工具。

作品名称：Fertignahrungsverpackung（2012 iF概念设计奖）

国家及大学：韩国首尔 国民大学

设计者：Jieun You Hyewon Kim (Kookmin University) Younsung Lee (Kunkuk University) Gyujung Lee (Sungshin Women's University)

设计解码：速食面通常带有独立的香料和调味料包，这些小的调味包经常不便于撕开，而且在取出调味包时也易损坏容器顶部，给后面的浸泡带来不便，这种新的速食面容器解决了这些问题。只需按包装上面的"水泡"，调味料就可以放入容器中。

 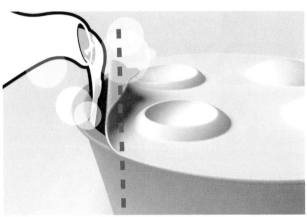

作品名称：多功能加热冷却带/Ribbon（2011伊莱克斯Design Lab全球设计大赛亚军）

国家及大学：澳大利亚 莫纳什大学

设计者：Enzo Kocak

设计解码：该多功能加热冷却带由可弯曲的材料做成，可组合成多种形态。它有黑白两面，功能各不相同：黑色面可以加热，白色面可以冷却。产品本身也很小巧，非常便于携带。此外，多功能加热冷却带使用可充电的温差电池，本身可以充电，在加热或冷却时带来的温差，也可以转换成电能，同时进行充电。该产品使用多样化，冬天可以用来煮汤、泡咖啡，夏天可以做凉拌沙拉、喝冰凉饮料，是简易版的活动厨房。

作品名称：智能味勺/Tastee with pot（2012伊莱克斯Design Lab全球设计大赛十强作品）

国家及大学：丹麦 丹麦科技大学

设计者：Christopher Holm-Hansen

设计解码：这把智能味勺，内置类似味蕾一样的味道感应器，可代替人类的感官"品尝"锅内的菜肴，并将咸淡等以图形的方式反馈给大厨，帮助他们精确把握放料量。

作品名称：Innie Outie
（2012红点奖概念设计奖最佳奖）

国家：美国

设计者：Charles Ingrey-Senn

设计解码：在西方家庭厨房，常会用不同大小锅碗瓢盆，储存时不好堆叠，当盖放置在洗碗机中时占用空间，带来不便。InnieOutie弹出式的握柄解决这些问题，利用硅橡胶易变形的特点，在不使用时，翻转握柄使平底锅盖得以堆叠，具有节省空间的优势。

作品名称：发光枕头（2011日本小泉灯具设计大赛获奖作品）

国家及大学：日本　京都精华大学

设计者：小口高彬

设计解码：这款产品采用的是一个简单的触摸式开关，轻轻地触摸就可以控制灯的开启和关闭，采用LED光源。这样的产品为家居环境增添不少温馨的气氛。

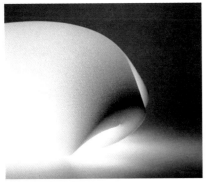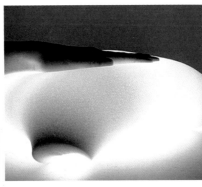

作品名称：CONFIO检测胶囊（2012 iF概念设计奖）

国家及大学：Germany Kiel

设计者：Rebecca Loa í za

设计解码：CONFIO检测胶囊提供一个全面的自主的智能诊断系统，患者只要将胶囊CONFIO吞咽进消化道中，就可在医生的密切监控下，使用无线连接到控制单元并通过几个相机实时发送CONFIO胶囊在小肠的完整视图，轻松地完成整个检查过程。由于病人并不需要麻醉，这大大减少了患者的痛苦与不安。

2. 大陆、港台学生优秀作品
作品名称：榨汁机Juice Bottle（2012 iF概念设计奖）

国家及大学：中国　江南大学

设计者：许江，王子豪，冯璐，梁青，赵英宗

设计解码：这种榨汁机，让您随时随地享受新鲜果汁。当您在户外时，您只需带上这个榨汁机，利用普通的人工罐装饮料瓶，就可以随时随地动手制作一杯鲜榨果汁，免去了电动榨汁机的种种麻烦，还可以享受到DIY的乐趣。

作品名称：记忆咖啡机/Memory（2012伊莱克斯Design Lab全球设计大赛十强作品）

国家及大学：中国 广东轻工职业技术学院

设计者：蔡文耀. 伏波，张釜指导

设计解码：这台咖啡机可记忆您冲泡咖啡的特殊喜好，如浓度、甜味等，再次使用前只需扫描手掌信息，一杯香气十足的个人专属咖啡即刻呈现在眼前。

作品名称：厨房水槽（2012红点奖概念设计奖最佳奖）

国家：中国 台湾

设计者：吴尊明

设计解码：这是一款厨房的水槽设计，设计师细心观察了人们下厨的各种步骤，发现其实大部分的动作都围绕着水槽附近展开，比如洗菜、摘菜等。但是，传统的厨房设计需要煮妇/煮夫们到处走动，把东西搬到水槽再放回去，很不方便。重新设计的厨房的水槽部分被分为几个功能区，一个区域可以洗食材和滤水，一个区域可以用来切食材并把切好的食材方便地转移到盛放器皿中，另一个区域可以用来放待用的器皿，水龙头被设计在水槽中间以便使用。这个设计可以有效地提高做饭的效率。

作品名称：中转站/Transfer station（2008iF概念设计奖）

国家及大学：中国　广东轻工职业技术学院

设计者：钟醒苏，林孔屏，李柔臻 / 桂元龙，杨淳指导

设计解码：Transfer station设计方案是一套利用生活污水和雨水进行发电，并能满足照明需要的装置，其价值在于倡导节能和对废水的再利用。

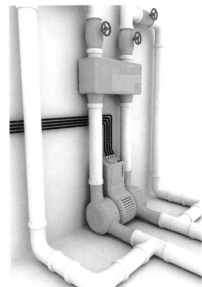

作品名称：life Passageway
（2012 iF概念设计奖）

国家及大学：中国　清华大学

设计者：ziran zhao

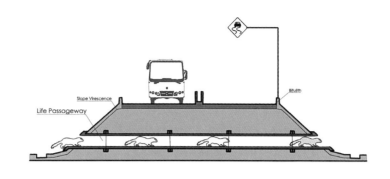

设计解码：针对每天有无数小型
野生动物在穿越高速公路路面时，
被汽车碰撞（或碾压）至死的惨
状，本设计为其开辟了一条专门
的生命通道。方案由预先定做的
单元件构成，在道路建设施工过
程中可依据道路的宽度随意变更
通道的长度。

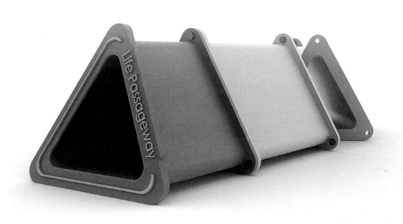

作品名称：漂浮式紧急通讯盒（2012红点奖概念设计奖红点之星奖）

国家及大学：中国台湾　台湾科技大学

设计者：HUANG Hsin Ya, HUANG Pin Chen

设计解码：该设计利用漂浮式的盒子发射出去成为行动基地台，且盒子本身还能利用风力发电补充能源。只
要民众身边有通讯设备，就可以向外求救。

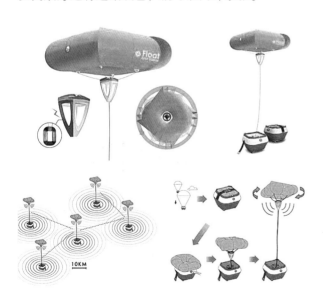

作品名称：Jarpet虚拟宠物罐（2012红点奖概念设计奖最佳奖）

国家及大学：中国 江南大学

设计者：CUI Minghui, MA Yinghui, ZHANG Di, ZHAO Tianji

设计解码：这款被称为JARPET的可视化虚拟宠物罐，可以通过3D投影技术将生物的动态影像投影出来，让儿童能近距离地观察在不同时间和环境下小动物的实际生活状态。与实际饲养宠物相比，这样的方式成本更低，也不会对小动物造成伤害。同时，虚拟宠物罐还可以与电脑连接，如果想要看到更多的动植物影像，只需要去网上商店购买就行了。

146

作品名称：堡垒/Defender（2012红点奖概念设计奖最佳奖）

国家及大学：中国 江南大学

设计者：TENG Xuan, YANG Zhaonan, ZHANG Mingxi, ZHEN Zhiliang

设计解码：防洪用品，里面装的不再是沙，而是一种纸纤维材料，当吸水的时候，它会变得很重，但它干燥之后就会很轻，便于搬运，而且节省了沙袋的土壤消耗。

作品名称：旅伴（第二届"芙蓉杯"国际工业设计创新大赛公开组铜奖）

国家及大学：中国 中南大学

设计者：邹涛，刘源源，李雪亚，向潺，张天慧

设计解码：在竹筒包装下的袜子上绘出了按摩穴位图，游客能随时按照图示按摩穴位，达到缓解疲劳、改善胃口的效果。竹筒既是产品包装，又是按摩器，袜子上简单的设计语言，淋漓尽致地体现了产品的实用性、趣味性以及地域特色。

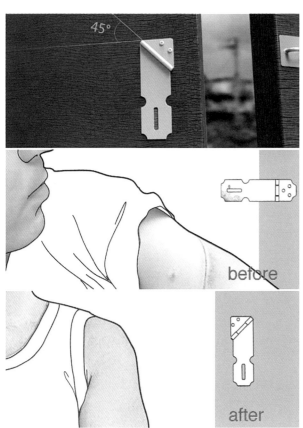

作品名称：45度的安全门搭扣
（2012红点奖概念设计奖最佳奖）

国家及大学：中国 南京工业大学

设计者：刘翔宇等

设计解码：普通的门搭扣，都是水平转动，很容易翻出来刮伤人。这款门搭扣，铰链部位是45度设计，解锁之后，在重力的作用下，会向下垂直定位，永远不可能翻过来伸出门框范围，解决了普通门搭扣刮到人的问题。

作品名称："回"竹家具系列(全国大学生工业设计大赛全国总决赛一等奖)

国家及大学：中国 广州美术学院

设计者：周安彬. 温浩，丁嘉明，张欣琦，徐岚指导

设计解码："回"不仅象征着作品的形态，还代表着一种回归，传递出一种简淡、宁静、自然的意境，"回"到"慢"的生活方式。中国传统原竹加工工艺中特有而优美的弯曲节点，延展至现代的竹集成材，体现了一种对传统工艺的现代化应用与延展，并赋予了作品浓厚的东方气息。该沙发软垫在扶手之间的空间嵌合，纤薄的扶手与腿部体现竹材的纹理与力量。书架由两种尺寸规格组合而成，书架四面内置磁铁，作为书架模块之间的连接，并且可根据需要组合摆放出不同的造型。

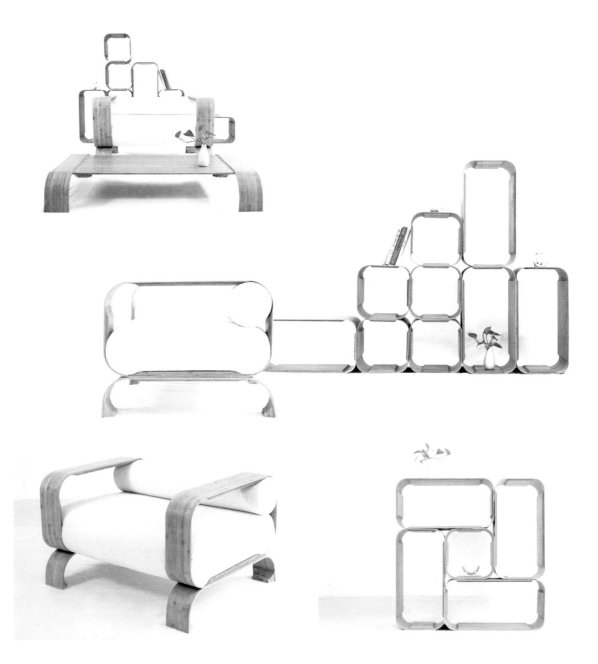

作品名称：家用防震便携净水产品设计(2012年全国大学生工业设计大赛全国总决赛三等奖)

国家及大学：中国 广东工业大学

设计者：刘焕荣. 王金广指导

设计解码：自2008年以来，全球地震频繁，进入一个新的活跃期，给各国人民的生命财产带来重大损失，每次破坏性地震发生所造成的灾难都给人们留下了刻骨铭心的记忆，水是生命之源。在地震发生后，水源极易受到微生物、重金属等污染，能否喝到干净的水，对于灾区人民来说至关重要。

设计者通过以往地震案例分析，发现在地震发生后第一时间灾民饮水困难的状况，希望通过创新的结构设计一款家居常备、价格低廉的便携净水产品，达到未雨绸缪的作用。

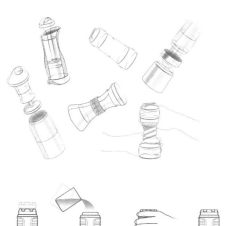

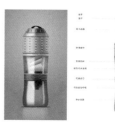

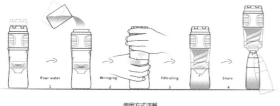

使用方式详解

产品名称：蚁式生活

国家及大学：中国 南京艺术学院

设计者：陈点西. 李亦文，陈嘉嘉，邹玉清指导

设计解码：此设计主要是针对毕业后无法找到工作或工作收入很低而聚居在城乡结合部的大学生，他们有如蚂蚁般弱小，但却是鲜为人知的庞大群体。通过设计可以解决家中面积有限等问题，同时汇集工作中需要的功能。给他们日常生活提供多功能服务；同时，此设计也成为在小空间将家用电器与家具结合的一种尝试，同时也体现了现有家电产品对其功能的重新定义，以及在此范围内的市场拓展。

参考文献

1. 吕清夫. 造型原理. 台北：雄狮图书股份有限公司，1984

2. 丘永福. 造型原理. 台北：艺风堂，1987

3. 王受之. 世界现代设计史. 新世纪出版社，1995

4. 刘国余，沈杰. 产品基础形态设计. 北京：中国轻工业出版社，2001

5. 曹发，邬烈炎. 现代主义设计. 南京：江苏美术出版社，2001

6. 王效杰. 产品设计. 北京：高等教育出版社，2002

7. 王继成. 产品设计中的人机工程学. 北京：化学工业出版社，2003

8. Frank Whitford，Julia Englehardt. 包豪斯大师和学生们. 艺术与设计杂志社，2003

9. 杨正. 工业产品造型设计. 武汉：武汉大学出版社，2003

10. 桂元龙，杨淳. 设计解码（产品编）①. 南昌：江西美术出版社，2004

11. 杨淳，桂元龙. 设计解码（产品编）②. 南昌：江西美术出版社，2004

12. 高丰. 中国设计史. 南宁：广西美术出版设计，2004

13. 〔英〕克里斯. 莱夫特瑞. 译者：董源，陈亮. 欧洲工业设计5大材料顶尖创意. 上海：上海人民美术出版社，2004

14. 刘国余. 产品形态创意与表达. 上海：上海人民美术出版社，2004

15. 〔美〕DONALD A. NORMAN. 译者：付秋芳，程进三. 情感化设计. 北京：电子工业出版社，2005

16. 吴海红，朱仁洲，周小儒. 产品形态设计基础. 北京：化学工业出版社，2005

17. 李锋，吴丹，李飞. 从构成走向产品设计. 北京：中国建筑工业出版社，2005

18. 于帆，陈嬿. 仿生造型设计. 华中科技大学出版社，2005

19. 刘锋，朱宁嘉. 人体工程学. 沈阳：辽宁美术出版社，2006

20. 朱钟炎. 产品造型设计教程. 武汉：湖北美术出版社，2006

21. 陈苑，罗齐. 产品结构与造型解析. 杭州：西泠印社出版社，2006

22. 彼得. 柴克. 2005/2006红点国际设计年鉴. 安基国际印刷出版有限公司，2006

23. 〔英〕希拉莉·拜耶，凯瑟琳·麦克德莫特. 译者：傅强. 现代经典设计作品大观. 北京：中国建筑工业出版社，2006

24. 林桂岚. 挑食的设计. 济南：山东人民出版社，2007

25. 桂元龙，杨淳. 产品形态设计. 北京：北京理工大学出版社，2007

26. 伏波，白平. 产品设计－功能与结构. 北京：北京理工大学出版社，2008

27. 〔美〕Dan Saffer. 译者：陈军亮,陈媛嫄，李敏. 交互设计指南. 北京：机械工业出版社，2010

28. 〔美〕Paul Rodgers，AlexMilton. 译者：杨久颖. 好设计！打动人心征服世界. 缪思出版，2012

学习网站

1. 中国工业设计协会　　http://www.chinadesign.cn/
2. 中国设计之窗　　http://www.333cn.com/
3. 中国艺术设计联盟　　http://zj.arting365.com/
4. 设计在线　　http://www.dolcn.com
5. 工业设计前沿网　　http: // www.foreidea.com
6. Billwang 工业设计　　http://www.billwang.net/default.html
7. ID 公社　　http://www.hi-id.com/
8. 专利之家　　http://www.patent-cn.com/
9. 红点设计　　http://en.red-dot.org/
10. 顶尖设计　　http://www.bobd.cn/
11. 设计·中国　　http://www.3d3d.cn/news/
12. 我要自学网　　http://www.51zxw.net/
13. 设计之家　　http://www.sj33.cn/industry/jjsj/
14. ENGADGET 瘾科技　　http://cn.engadget.com/
15. 美国工业设计师协会　　http://www.idsa.org/
16. 台湾工业设计协会　　http://www.cida.org.tw/
17. 飞利浦·斯塔克官网　　http://www.starck.com/
18. 凯瑞姆·瑞席　　http://www.karimrashid.com/
19. 马克·纽森　　http://www.marc-newson.com/
20. 马塞尔·万德斯　　http://www.marcelwanders.com/
21. 贾斯珀·莫里森　　http://www.jaspermorrison.com/
22. 青蛙设计公司　　http://www.frogdesign.com/
23. 美国 IDEO 设计与产品开发公司　　http://www.ideo.com/
24. 美国艾柯设计顾问公司　　http://www.eccoid.com/
25. 飞利浦设计中心　　http://www.design.philips.com/
26. 爱德华·巴伯 & 杰·奥斯格毕工作室　　http://www.barberosgerby.com/
27. 王受之的博客　　http://blog.sina.com.cn/wangshouzhi
28. 世界各地工业设计师展示自己作品的网站　　http: // www.coroflot.com/
29. ±0 官网　　http://www.pmz-store.jp/index.html
30. 意大利阿莱西设计公司　　http://www.alessi.it/
31. 全球设计资讯网　　http://www.infodesign.com.tw/
32. 北欧最大的家具制造商　　http://www.fritzhansen.com/

后记
POSTSCRIPT

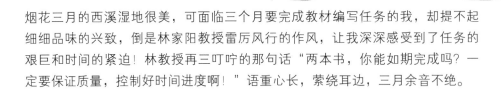

烟花三月的西溪湿地很美，可面临三个月要完成教材编写任务的我，却提不起细细品味的兴致，倒是林家阳教授雷厉风行的作风，让我深深感受到了任务的艰巨和时间的紧迫！林教授再三叮咛的那句话"两本书，你能如期完成吗？一定要保证质量，控制好时间进度啊！"语重心长，萦绕耳边，三月余音不绝。

三个月的强力突击，逼迫自己对习以为常的工业设计教学工作进行了深刻反思。在重新梳理的过程中，发现一些原来一直在教学中使用的套路，可以有更为简练的表述方式来与设计实践相对应。在设计程序的表述中，就大胆提出了"概念设计、造型设计、工程设计"的三分法，并与一般教学课程安排的程序和企业实际运行的程序进行对照分析，强调造型设计仅仅是产品设计的一部分，意在引导学生对产品设计进行系统认识，避免对产品设计的狭义解读。产品设计的专业训练一般都不少于三个单元（三门课程）的循环递进，本书选择生活用品、儿童用品和 IT 产品三个项目来进行实训。在第二章的项目范例的实战程序部分，因为作为单一课程课时量的限制，和教材在篇幅上的约束，就只有生活用品部分进行了展开，而在儿童用品和 IT 产品部分都进行从略处理，没有细化。虽然在操作步骤上是大同小异，但侧重点毕竟有所不同，不免留下遗憾。

在信息化时代背景下，IT 产品给予我们新的启示，尤其是非物质设计的出现挑战着传统的工业设计知识体系，生产和制造消失得无影无踪，留下的是以界面为主要形式的交互设计内容。这也为广大的工业设计师开启了一扇新的窗口，值得我们大家去关注与探索。

在编写过程中得到了编委会专家，尤其是林家阳、何晓佑、吴翔教授的大力支持；诸多有实力的设计机构和设计师不辞辛苦为本书提供优秀作品，其对中国工业设计教育的殷切深情，给了我们很大的鼓舞。在此特别鸣谢台湾浩汉的陈文龙先生、广东工业设计培训学院的汤重熹先生、深圳嘉兰图的丁长盛先生、深圳浪尖的罗成先生、广汽汽车工程研究院的肖宁先生、上海指南的周佚先生、深圳洛可可的李文博先生以及广州维博的黎坚满先生所给予的帮助。由于时间仓促，篇幅有限，在设计机构、设计院校、设计师以及代表作的挑选方面肯定存在着遗珠现象，对于未能选中者，谨在此致以歉意！希望在今后再版之时能进行增补。因为学识所限，书中偏颇、错漏之处难免，还望各位专家、读者在海涵的同时不吝赐教！

编者

2013 年 6 月于广州